超実践 品質工学

これでわかった！

絶対はずしてはいけない
機能・ノイズ・SN比の急所

鶴田 明三 著

日本規格協会

MicrosoftおよびExcel 2003は，米国Microsoft Corporationの，米国およびその他の国における登録商標です．本書中では，™，®マークは明記しておりません．

はじめに

　製造業の技術開発・製品設計・開発（以下，「**設計・開発**[1]」）の現場とはどのようなものでしょうか．実際，これらの現場の技術者は非常に多忙です．設計・開発のメインの業務以外にも，情報収集から企画，開発の管理，試作の手配，業者とのやりとり，部品や製品評価，不具合が起こった場合の対応，ドキュメンテーション，デザインレビューの対応，担当部分とのインターフェースとの調整，定例会議での報告（書いているだけで疲れてきた！）…等々，すべてを一人でやらなければならない場合も多いのが実情です．その中で，競合に打ち勝ち，成果を出さなければならないのです．

　その一方で，設計・開発における評価の効率化や，それによる製品品質の確保・向上，コストダウン等に**品質工学**（**タグチメソッド**）とよばれる，技術の評価・設計の方法論が紹介され，また期待されてきました．2000人規模の学会員を擁する品質工学会で数多くの事例が発表され，製造業で一定の成果が上がっているようにも見えます．いくつか品質工学の本やインターネットの記事を読んでみれば分かることですが，品質工学は多くの点で理想論を提示しています[2]．また想定する技術者のレベルも非常に高く想定しています[3]．つまり正統な品質工学では，たとえば以下のことを要求しているのです（初心者の方へ）：

1　JIS Q 9000：2008の定義は「要求事項を，製品，プロセス又はシステムの，規定された特性又は仕様書に変換する一連のプロセス」．参考3.には以下のように注釈されています．「仕様を確定する活動の中には，製品を試作するなどして現実に製品を実現することが含まれることもある」．要するに，計算や試作や評価等を通して，要求を機能に実現するプロセス全体を指すと考えればよいでしょう．

2　これは活動のベクトルを中長期的に理想の方向に向けていくという意味では大切なことです．

3　これも技術者のあるべき姿を考え，そこに向かっていくという意味で重要です．

はじめに

この箇条書きは，難しければ飛ばしても大丈夫ですよ！）．

- すべての品質特性（燃費や騒音や発熱や寿命のような各種スペック）を一挙に改善できるような，本質的な"技術的な機能（働き）"を考える（生み出す）こと．【基本機能】
- そのような機能を改善する（すなわちすべての品質特性が良くなる）ような，設計をすること．そのためには，革新的な新しいシステム（技術的な手段）を考える（生み出す）こと．【システム創造・システム選択】
- そのようなシステムには，設計パラメータ【制御因子】間に悪い副作用【交互作用】ができるだけ少なくなるように，すなわち効果が期待したとおりに再現するような設計をすること（【再現性】）．その検査を直交表によって行うこと．【パラメータ設計】
- その検査の結果，交互作用が大きい，再現性が悪いとなった場合は，それは信用ができない技術なので，設計を見直すこと．
- しかもこれらのことを，製品設計が始まる前の，技術開発の段階で実施しておく（【先行性】）ことで，どんな製品にでも使える【汎用性】のある技術として準備しておくこと．

確かに，そのような技術開発が現実に行えるのなら最高です．それが究極的に目指すべき方向性であることも理解できます．しかし，とてもではないですが，筆者は前記のような設計・開発の現場に，これらの理想論をそのまま提案することはできません．それでも「困っている」現場――もはや設計変更もほとんどできず，納期は迫り，なのに性能や品質が確保できていない状態――では，藁をもすがる思いで品質工学らしきもの（これが単なる直交表実験を指していることが多い）をやってみよう，ということになることはあります．しかし，生半可な技術力，見よう見まねのやり方で実施してもうまくいくはず

もなく，結局「品質工学は役に立たない」，「うちの現場にはレベルが高すぎる，難しい」，「うちの製品（技術）は特殊だから」などとして，やめてしまうのがオチなのです．無駄にした時間は帰ってきません．そのような経験は，一度でも社内で品質工学を試してみた方，人に勧めてみた方なら体験しているのではないかと思います．また上記のような理想的な開発が一気通貫で行えている事例が発表されているかというと，これが非常に少なく，また適用分野も限られています[4]．そのため，**推進・指導する側も，「本当に品質工学が提唱するような理想的な開発が行えるのだろうか」**と疑問をもつことになるのです．

さてパレートの法則によれば，社内教育やセミナーや本での自習などで品質工学に出会った人の中で，それを理解して「いいね」とアンテナが立つ人が2割くらいでしょうか．その中の2割が実際に行動を起こします．その中のさらに2割が品質工学で何らかの成果をもたらすと考えると，成功するのは品質工学に何らかの形で触れた人の約1％という狭き門となります．こうなる理由はさまざまありますが，それでも残り99％の人には品質工学は不要な考え方なのでしょうか．非常に高度な技術力と倫理観をもつ一部の有能な技術者，リソースが潤沢にある開発組織，崇高な技術理念を実践できる企業だけのものなのでしょうか．品質工学は故**田口玄一**氏が半世紀を費やしてほぼ独力で創造した，技術論・方法論の結晶です．これを一部の技術者，組織だけのものとするのは余りにもったいないと考えるのです．より多くの方が，より広い範囲で品質工学を設計・開発の現場では使い，成果を出せないものだろうかと．

そこで本書では，理想論の立場ではなく，**現場や実務者の立場を徹底**します．つまり，これは実際に実行に移し，成果を出すための実務者のための書です．

---

4 【基本機能】を使って【汎用的】で【先行的】な技術開発を行った事例のほとんどは，生産技術開発か材料開発です．現実の複雑なシステム製品での成功例の詳細な報告は少ないです．

はじめに

それゆえ意図的に「タグチイズム」から逸脱した場所もあります。筆者の思いは**歩留り2割の部分を少なくとも8割にする**ことにあります[5]。その中で読者のみなさんがいろんな気づきを得て，実際に行動に移してしていただければこんなに嬉しいことはありません。

さて本書は品質工学の中でも「**機能性評価**」と，それを中心に据えた設計・開発プロセスの革新・改善を扱っています。「機能性評価」はとても難しい言葉なので，「**機能の安定性評価**」あるいは「技術の実力の見える化」といってもよいと思います。この機能性評価をまず正しく理解し，**実力の見える化を設計・開発の初期段階で実施することで，悪い部分は早い段階（やり直しが利く小さな段階）で直し，開発の最終段階での手戻りやお客様の使用段階での不具合をなくしていく**ことを狙っていきます。ベースである機能性評価がうまくいけば，直交表を使った**パラメータ設計**も成功しやすくなります。また**改善だけなら直交表を使わずとも機能性評価だけで可能**であることも示します。あの面倒な―――というと語弊がありますが，実際たくさんの設計を試作・評価しなければならないので敬遠されがちな―――**直交表**の実験をしなくてもよいというだけでも，実務適用でのハードルがうんと下がるものです。直交表を使わない品質工学といってもよいですね。

筆者は日本規格協会の品質工学セミナー入門コース（関西，福岡地区：2015年度現在）で本書の内容を含めた，実践のための品質工学を分かりやすく解説しています。その中のアンケートで以下のような嬉しい声を多数いただいています。2日間のセミナーの最後には，全員が「職場に戻ったら，まず○○をや

---

[5] どうしても反応しない，行動しない2割というのは必ずいます（これが得てして専門家気質に富んだ優秀なエンジニアであることも多い）。テコでも動かない信念をもった技術者を変えるのに労力をかけるのもまた効率的ではありません。なお，筆者が担当している日本規格協会の品質工学セミナーでは，受講者全員が何らかの行動を起こせることを目標において講義しています。

る！」と張り切っていらっしゃいます．

> 「過去に社内で多数受講した長期間の品質工学講座があったが，計算方法ばかりで本質の理解につながらなかった．今回このセミナーで話を聞いて，品質工学の意味する所や大事な部分が理解できた．」
> 「開発レビューのときの指摘と品質確認のために検証する際にこの考え方を使いたい．」
> 「難しいイメージが漠然とあったが，実際に評価方法や観点を理解できたことで，実践しやすそうな内容だと感じた．」
> 「本で読む100倍以上理解できた！」
> 「これまでなぜ積極的に導入しなかったか疑問なほど，良い方法だと認識できました．」
> 「真の重要箇所がつかめました．」

このように，本書の考え方が実践に向かうことで，みなさんの仕事の進め方の改善，みなさんの会社の製品の品質の改善や業績の向上，そしてひいてはお客様の利益や社会の発展に繋がれば，筆者としてこんなに嬉しいことはないのです．

みなさんの中には，これまで何冊も品質工学の入門書や専門書を読まれた方も多いと思います．そこで，本書の構成を紹介しながら類書との違いを示すことで，「はじめに」の結びとします．

第1章では，設計・開発のプロセスの問題点をひも解きながら目指すべきプロセスを示し，その中での機能性評価の役割を説明します．ここは，みなさんの「問題意識」を醸成するために重要な章です．ぜひ，ご自分の職場の開発業

務プロセス，製品に当てはめて考えてみたときに，どのような具体的な，自分自身の課題があるのかを明確にしてください．

　第2章では，機能性評価の概要を解説します．なぜ評価が短時間化できるのかなどの，機能性評価の「原理」，「戦略（作戦）」について説明し，いくつかの実際の開発・評価事例を取り上げて，機能性評価のイメージをつかんでいただくようにしています．

　第3章は，機能性評価を実践するための詳しい方法論を説明しています．機能性評価の三つの道具（3種の神器）である機能定義，ノイズ因子[6]，SN比について，つまずきやすいポイントに注意しながら，**類書にはないオリジナルの方法論や，経験に裏打ちされたコツ**のようなところまで紹介します．「本を読んで理解したつもりだけど，実際にやってみようとすると困ってしまう」点について，できるだけケアしたつもりです．

　さらに付録として，本書で紹介した機能性評価の実験計画プロセスに準拠した，実験計画のためのシートと，機能性評価・パラメータ設計のSN比計算・**解析ソフトウェアを，無償ダウンロードできるサービス**もつけました．一人でも多くの方に，実行に移してほしいため，計算や解析などの設計・開発の本質的でない部分でつまずかないために配慮しました．

　歳を重ねると，ついつい能書きが長くなってしまいますね．早速始めましょう．

6　「誤差因子」ともいいます．

目次

はじめに

第1章　設計・開発プロセスのここが問題！目指すべきプロセスとは？ ……… 1

1.1　市場不具合の原因は，設計・開発段階で70～85％を占める ……… 2
　　品質工学で扱う「品質」とは ……… 4
1.2　開発の後期になるほど高くつく対策コスト ……… 11
1.3　「設計品質」とは何だ？ ……… 13
1.4　設計・開発業務でこんなこと起こっていませんか～悪魔のサイクル～
　　　……… 16
1.5　信頼性試験は万全な方法か～三つの壁～ ……… 20
　　信頼性試験における三つの壁 ……… 21
1.6　飛躍的短時間評価法「機能性評価」とは？ ……… 26
1.7　目指すべき設計・開発プロセス～早く分かれば早く直せる～ ……… 27
　　信頼性試験はなくなるのか ……… 31

第2章　製品使用段階での本当の実力を見える化しよう！～機能性評価～ ……… 33

2.1　機能性評価とは ……… 34
　　機能性評価の手順 ……… 34
　　　2.1.1　機能定義 ……… 35

2.1.2　ノイズ因子の抽出と選択 ………………………………………… 40
　　　2.1.3　SN比の計算 …………………………………………………………… 43
　2.2　なぜ評価時間が飛躍的に短くなるのか？〜相対比較と条件の複雑性〜
　　　　　……………………………………………………………………………………… 47
　2.3　事例①：ギヤードモータ…製品開発における評価時間が1/10以下に
　　　　　……………………………………………………………………………………… 52
　　　2.3.1　概要 ……………………………………………………………………… 52
　　　2.3.2　品質工学の適用（機能性評価，パラメータ設計）……………… 53
　　　2.3.3　設計評価モデルとギヤの機能の定義 ………………………… 54
　　　2.3.4　ノイズ因子の設定 ……………………………………………………… 56
　　　2.3.5　パラメータ設計と製品での確認 ……………………………… 57
　2.4　事例②：LED（購入部品）…ノイズ因子の工夫で寿命を序列化 ……… 60
　　　2.4.1　従来の常温連続点灯試験 ……………………………………… 60
　　　2.4.2　機能性評価の計画 ……………………………………………………… 61
　　　2.4.3　評価結果 ……………………………………………………………… 64

第3章　機能性評価の計画のポイント〜3種の神器はこう使おう〜 …… 67

3.1　P-diagramは機能性評価の準備（計画）……………………………………… 68
3.2　機能定義 ………………………………………………………………………… 70
　　3.2.1　お客様が欲しい「働き」を改善して根本解決を ……………… 72
　　3.2.2　機能で考えるとこんなにオイシイ ……………………………… 75
　　3.2.3　機能定義のマル秘テクニック ……………………………………… 81

　　　　画像システム評価の補足 94
　　　　ほとんどの機能は両方で考えられる 95
　　　　二つの機能パターンで考える利点 97
　　　　モノの前に機能がある 101
　　　　機能設計に関する補足 101
　　　　機能が定義や計測ができない場合の対応，禁じ手 102
　　　　「基本機能」について 106
　　3.2.4 複雑な対象での対応方法（機能展開とスコーピング） 111
　　　　機能展開 112
　　　　スコーピング 114
　　3.2.5 過渡状態での評価でさらなる効率化を 118
3.3 ノイズ因子 123
　　3.3.1 いろいろイジメたときに本当の実力が分かる 123
　　3.3.2 ノイズ因子の抽出は四つの分類で～特性要因図～ 125
　　3.3.3 ノイズ因子はこう選ぶ 131
　　　　ノイズ因子の抽出方法ガイドライン 131
　　　　ばらつき要因への対応のガイドライン 133
　　3.3.4 ノイズ因子の厳しさの決め方 137
　　　　外乱の場合の水準値の決め方のガイドライン 138
　　3.3.5 ノイズ因子の組み合わせ方 142
　　　　ノイズ因子の組み合わせ方のガイドライン 142
　　　　ノイズ因子の要因分析 155
3.4 SN比はこわくない 〜エネルギー比型SN比〜 160
　　3.4.1 安定性をSN比で評価しよう（何を見ているのか） 160

目次

　　3.4.2　統計いらずの簡単SN比（エネルギー比型SN比） …………………… 162
　　　　　ゼロ点比例SN比 …………………………………………………………… 162
　　　　　二乗和分解についての補足 ……………………………………………… 171
　　3.4.3　SN比の計算方法の応用 …………………………………………………… 172
　　　　　従来型の田口のSN比との違い …………………………………………… 182
　3.5　P-diagramで機能性評価の計画を！〜実験手戻り防止のために〜
　　　……………………………………………………………………………………… 190
　　　　　P-diagramの確認事項 ……………………………………………………… 191

特別付録：品質工学実験の計画・解析シート ………………………………… 194
引用・参考文献 …………………………………………………………………… 202
あとがき …………………………………………………………………………… 204

第1章

設計・開発プロセスのここが問題！
目指すべきプロセスとは？

1.1 市場不具合の原因は，設計・開発段階で70〜85％を占める

　自動車，家電製品，衣料品，食品，医薬品のような工業製品，あるいは発電所，電鉄，トンネルなどの社会インフラ，宇宙に打ち上げられるロケットや人工衛星に至るまで，人が作り，形があるものは，ハードウェアとよばれます．毎日のようにハードウェアの故障や安全性の問題，検査データの改ざんや手抜き工事，開発や検査のしくみ・組織のまずさなど，さまざまな形でハードウェアの技術の問題点が報じられています．いったい，我が国のものづくりはどうなっているのだ，という懸念をおもちの方も多いと思います．意図的な改ざんや，想定外な（と当事者がいっている）不具合が報じられる一方で，大部分の製造業や建設業等では日々技術開発にしのぎを削り，品質やコスト，サービスの改善に真摯に取り組んでいるのです．それでもさまざまな理由で，十分に不具合を予測できずに上記のような問題が繰り返し発生します．製品がお客様の手に渡り，使用される段階でのトラブルはどのようにして起こるのでしょうか．本書では主に工業製品を取り上げてその問題を考えていきます[7]．

　ある調査[1-1]によりますと，**図表1.1.1**に示すように，AV製品のクレームの85％が設計責任であると報告されています．つまり製造不良などの生産部門の責任や，検査もれなどの品質保証部門の責任は高々15％ほどだというのです．これは一例にすぎませんが，<u>クレームやお客様の使用段階での不具合の大半は，設計・開発段階の要因（購入品の評価・選定も含む）による</u>と考えられています．つまり，設計・開発段階での仕事の質や，どれだけリソースを有効に投入したかによって，製品品質の大半が決まってしまいます．これはなぜなのでしょうか．

7　本書の考え方自体は，社会インフラや宇宙関連などの巨大システムや建造物などにも同じように適用することができます．

図表1.1.1 製品クレームの要因の一例（文献[1-1]より引用）

責任の分類	件数	割合
設計責任	73件	84.90%
生産技術責任	5件	5.81%
QA（検査）責任	5件	5.81%
生産部門責任	3件	3.50%

　製造段階での「品質管理」は，戦後に活発化した組織的な活動や統計的な手法の活用によって，世界一といえるレベルに到達・成熟してきました．また製造の自動化・IT化，さまざまなフェールセーフ，エラープルーフ[8]などの対策により，人による作業のばらつきやミス，勘違いなどによる不具合も起こりにくくなりました．それでも製造の間違いやミスが多いとすれば，それは**製造しにくい設計がまずい**からと考えるべきです．品質保証部門や品質管理部門で行われる製品や半製品の検査についても，**検査にパスした「合格品」が使用段階でトラブルを起こしている**ことから，検査がもれているのではなく，そもそも**「合格品」の定義が間違っている**ということでしょう．合格したものはお客様の使用段階で不具合とならないように設計しておく必要があります．どのような状態を合格品として，何を（どんな特性値を），いくらの範囲で（どのような合否基準で）検査するのかを決定するのは，図面や仕様書を規定すべき，ほかならぬ設計・開発部門です．購入部品が起こすトラブルについても，**部品の評価基準を決めて，部品を選定**する設計・開発部門の責任です．部品評価の実務は専門の部隊が行っている場合も多いですが，その基準（方法やスペック）を決めるのは，やはり製品設計に精通した設計・開発部門の役割が大きいといえます．これらをまとめたのが，**図表1.1.2**です．

8　ポカヨケ．以前はフールプルーフ（バカヨケ）といいましたが，あまり良い言葉ではないので，エラープルーフというようになりました．

1.1 市場不具合の原因は，設計・開発段階で70～85％を占める

図表1.1.2　不具合の発生要因と設計・開発部門の役割

不具合の発生要因	設計・開発部門の役割
製造の間違いやミス	・製造しやすい設計
検査合格品が使用段階で不具合	・合格したものは使用段階で不具合を起こさない設計 ・検査の特性値，合否基準の規定
購入部品の不具合	・部品評価基準の策定 ・部品の評価と選定

このように，**設計・開発部門は製品の性能，品質，コストなどについて，大本のところで大きな責任を担っている**ことが分かります．そのため，使用段階での不具合の要因を整理すると，冒頭のようにほとんどが設計・開発段階に起因したものになるわけです．未知の事柄も多く，検討すべきことが多い上に，不具合が起こったときには現在の開発を置いてでも対応に駆り出されるのですから，設計・開発部門の方が忙しいのもうなずけます．

▶▶ 品質工学で扱う「品質」とは

さて，ここで「**品質**」という言葉を無造作に使ってきましたが，この言葉について少々説明して，みなさんと認識を合わせておかなくてはなりません．普段，私たちが「品質が良い」というとき，それは何を意味しているのでしょうか．インターネットの表現からいくつか例を引いてみましょう．

> 「〇万円のインプラント治療．安くても品質が良い理由」
> 「〇〇県の農作物は品質が良い」
> 「テレビ・ラジオの受信品質が良い」
> 「飲み物の品質が良い，〇〇ホテルのリバーサイドカフェ」
> 「品質が良い日本製シルバーメタリック〇〇（製品名）」
> 「品質が良いみんなのウェディング」
> 「〇〇（放送局）の情報は品質が良いのでしょうか」

「〇〇（宿泊施設）の温泉の品質が良い」

……いやはや，いろんなものに対して，品質が良いといえるものです．その製品を手にしたり，サービスを受けたりしたときに，ほかより感じが良くて，価格的にも満足である，安心できる，というのが全体的な意味でしょうか．

携帯ミュージックプレイヤーやタブレットコンピュータ，携帯電話などで，必ずＡ社の製品を選ぶというファンが一定数いますね．その製品のデザイン（外観），ユーザビリティ（使いやすさ），持ったときの感覚，Ａ社の製品に対する考え方…等々に魅力を感じて，多少他の部分———価格が高いことや，一部の機能がついてないこと，あるいは耐久性が低いことなど———は目をつむってもＡ社の製品のお客様であることに満足を覚えるのでしょう．あるいはそのような自分に満足を覚える人もいるでしょう．高級車やバッグでも特定のブランドのファンである人がいますが，これも似たような感覚なのかもしれません．このような意味での品質を「**魅力的品質**」といいます．魅力的品質とは，好みが百人百様であるような，これが正解とよべるものがないような品質です．これは，どんな製品を企画して市場に投入するか，どんなイメージ戦略で売るのか，高級感を出したほうがよいのか，デザイン，風合い，使い勝手などの差別化は…といったことがポイントとなる品質です．どちらかというと，マーケティング部門や製品企画部門に関係がある内容で，設計・開発の方には「あまり関係ないな」と感じる分野かもしれません．魅力的品質の一つの特長は，それを洗練，高度化させることで，大きくお客様の満足度を上げられることにあります．

このようなことをうまく説明したのが「**狩野（かのう）モデル**」[1-2]という，図表1.1.3のチャートです．魅力的品質は①の一番上の曲線です．グラフの横軸は企画や設計がどれくらい達成できているか，物理的に満たされているかの度合（充足度）です．「魅力的品質」では右にいくほどデザインや使い勝手が

1.1 市場不具合の原因は，設計・開発段階で70〜85%を占める

よくなるということです．縦軸はお客様の満足度です．魅力的品質が少ない簡素なデザインや最低限の機能しかない製品でも，きちんとカタログや仕様書どおりに機能してくれればクレームになることはありません．つまりグラフでは横軸で左にいっても，満足度は0付近までで下げ止まり，マイナスにはなりません．その一方で，魅力的品質を高めた製品は，人々を魅了し，非常に高価な対価を払ってでもそれを愛用したいというお客様も現れます．現在では1000円も出せば，正確に時を刻む（つまり，時計としての働きが正常な）腕時計が買えますが，世の中には100万円や1000万円の腕時計の市場もあるわけです．これを可能にしているのが魅力的品質です．繰り返しになりますが，これは好みの問題で，あまり技術とは関係ありません（技術者は薄給なので高級品とは関係ない，という意味ではないですよ！）．

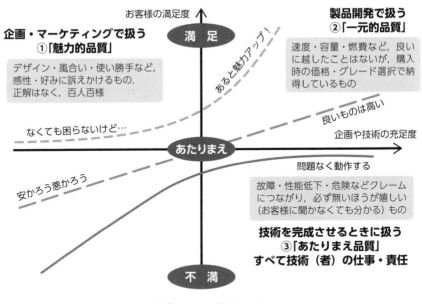

図表1.1.3　狩野モデル

つぎに，グラフの真ん中に示した，②の直線です．これは「**一元的品質**」とよばれていますが，あまりなじみがない言葉でしょう．これは**性能**を中心とし

た特性や，ランニングコスト，重量・大きさなど，満たされる度合いによって満足するものと考えてよいでしょう．みなさんはパソコンを購入するときに，何に着目して選びますか．機能や性能，すなわち，CPUの処理速度，メモリやハードディスクの容量，ディスプレイの大きさ，通信機能の種類，重量，OSやソフトウェアの種類，そして価格と相談といったところでしょうか．その場合に，カタログ（仕様表）でこれらを機種比較して，価格に見合えば購入します．予算が決まっているので，すべて最高スペックというわけにはいかず，またその必要もないので，用途やその人が重点をおく項目（速度や容量や重量やソフトウェアの種類や有無など）によって強弱をつけるでしょう．これらの性能を中心とした一元的品質は，あらかじめカタログの仕様表などで明示されており，価格との比較で選択できるものと考えればよいのです．この場合，横軸の充足度（性能の高さ）と満足度の関係はどうなるでしょうか．性能が高いものはそれに見合う価格がついており，お客様はそれに納得して購入しています．ですので，魅力的品質のように満足度が大きく上昇することもありません．逆に性能が低いものはそれで十分と考えて，価格の安いものを納得して選択した結果であり，性能が低いからといってクレームにはなりません．一元的品質に関する満足度のグラフは少し右肩上がりになります．この一元的品質は，競合他社としのぎを削る技術的な問題であり，またどれくらいのレベルが求められるのかといった，マーケティングや製品企画の問題も含んでいます．

さいごに，グラフの一番下に示した，③の曲線です．お客様はカタログに記載されたとおりの「性能」を期待していますので，**新品の段階や，あるいは使用しているうちに性能が低下してきたり，故障して性能や機能が維持できなくなったりすると，クレーム**になります．通常私たちが製品を使う際は，期待した期間（たとえば家電製品なら7～15年くらい）は新品のときに備わっていた性能は維持してほしいと考えます．蛍光灯やランプであれば明るさは変わらないでほしいし（実際は暗くなります），パソコンの処理速度は変わらないでほしい（実際はメモリへのアクセスなどが遅くなります）と考えます．また劣

1.1 市場不具合の原因は，設計・開発段階で70〜85％を占める

化の問題だけでなく，使い方の違いによって性能が変化してほしくないとも考えます．たとえば，自動車のブレーキは晴れの日の乾いた路面でも，雨の日の濡れた路面でも同じように効いてほしいのです（実際は異なります）．このように，「<u>新品時と同じ性能を維持する</u>」，「<u>どのような条件でも同じ性能を発揮する</u>」というのは，いわれてみればそのとおりで，「あたりまえ」と感じます．

このような品質のことを「**あたりまえ品質**」といいます（そのままですが，分かりやすいネーミングですね！）．変化しない，故障しないで機能するのがあたりまえなのですから，充足度が上がっても（グラフの右側にいくほど故障が少ない），満足度が「あたりまえ」以上になることはありません．逆にそれが達成できなかったとき（グラフの左側）に満足度は大きくマイナスに振れます．その意味では，<u>マイナスしかない品質</u>です．このような種類の品質は，魅力的品質とは逆で，誰もが欲しくないと考えている品質です（お客様によって感じ方の程度は異なります）．不具合や変化・変動はゼロが望ましいので，<u>マーケティングや企画は関係なく，純粋に技術的な問題</u>として取り扱います．「信頼性」や「耐久性」や「安定性」に関係する品質です．設計・開発段階での検討がまずいと，このような「あたりまえ品質」が十分でない悪い製品が出荷されてしまい，お客様に迷惑をかけることになります．

以上3種類の品質について説明しましたが，実は<u>**品質工学**（本書の機能性評価はその一部）で扱う品質というのは，主に「あたりまえ品質」</u>の部分です．もちろん，性能抜きにしては製品や技術の評価はあり得ませんので，「一元的品質」も関係しますが，性能の確保は，品質工学の評価や改善の直接の対象ではないのです．「一元的品質」は，品質工学を適用する前の，**機能設計**といわれる段階で事前に確保しておくべきことです．要するに，「普通の条件でちゃんと動く」ものを作る段階です．品質工学で扱う「あたりまえ品質」は，そのような「<u>ちゃんと動く</u>」状態が，<u>使用による劣化や使用条件によって左右されないか</u>を扱うので，技術の仕上げのための品質といってもよいでしょう．

では，ここまで出てきた三つの品質について，みなさんが関わる製品（開発担当製品でも，使用している家電製品でも結構です）を一つ取り上げてみて，「魅力的品質」，「一元的品質（性能）」，「あたりまえ品質」にどのようなものがあるか考えてみましょう．

演習1.1

製品を一つ取り上げて，魅力的品質，一元的品質（性能），あたりまえ品質についてどのようなものがあるのか挙げてみましょう．

製品名：＿＿＿＿＿＿＿＿＿＿＿＿＿＿＿＿＿＿＿＿＿＿＿＿＿＿＿＿

①魅力的品質：＿＿＿＿＿＿＿＿＿＿＿＿＿＿＿＿＿＿＿＿＿＿＿＿

②一元的品質(性能)：＿＿＿＿＿＿＿＿＿＿＿＿＿＿＿＿＿＿＿＿

1.1 市場不具合の原因は，設計・開発段階で70～85％を占める

③あたりまえ品質：＿＿＿＿＿＿＿＿＿＿＿＿＿＿＿＿＿＿＿＿＿＿
＿＿＿＿＿＿＿＿＿＿＿＿＿＿＿＿＿＿＿＿＿＿＿＿＿＿＿＿＿＿＿
＿＿＿＿＿＿＿＿＿＿＿＿＿＿＿＿＿＿＿＿＿＿＿＿＿＿＿＿＿＿＿
＿＿＿＿＿＿＿＿＿＿＿＿＿＿＿＿＿＿＿＿＿＿＿＿＿＿＿＿＿＿＿
＿＿＿＿＿＿＿＿＿＿＿＿＿＿＿＿＿＿＿＿＿＿＿＿＿＿＿＿＿＿＿

このようにまとめておけば，議論をするときに，お互いにどの「品質」のことをいっているのかがよく分かり，思い違いをすることが少なくなります．好みに関する部分（①），技術的に関係する部分（②③），品質工学や信頼性で関係する部分（③）を切り分けることがまず大切です．一人で考えず，技術やそれ以外の部門の方も交えて，その製品の三つの品質にどのようなものがあるのかをリストアップしておきましょう．技術部門よりも営業や企画部門の方のほうがよく知っているかもしれませんよ．

以降，本書で「品質」といえば，断りのない限り「あたりまえ品質」のことを指しますので覚えておいてください．

1.2 開発の後期になるほど高くつく対策コスト

前節で,製品が出荷されたあとの使用段階での不具合やクレームの主要因が,設計・開発段階にあることが見えてきました.設計・開発段階での検討もれや考え方の修正はどの段階で行えばよいのでしょうか.**図表1.2.1**は,設計段階(本書では設計・開発段階)での対策コストを1とした場合の,それ以降での修正コストの比率および金額を示しています[1-3].縦軸が対数(1目盛り10倍)になっていることに注意してください.

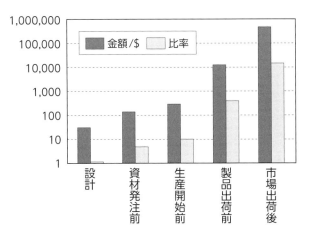

図表1.2.1 製品開発の各ステップにおける不具合発生時のコスト
(文献[1-3]より引用)

設計・開発段階で不具合が発覚した場合の対策コストを1とすると,生産開始前でその10倍,製品出荷前で500倍,市場出荷後では実に10,000倍もの修正コストがかかることが示されています.製品の規模にもよりますが,この例では設計・開発段階に間違いと気づいた場合の修正コストは$30となっており,図面の訂正にかかる時間の人件費相当と計算されています.これが市場出荷後の不具合発覚となると,発生コストは$1,000,000すなわち1億円レベルと試算

1.2 開発の後期になるほど高くつく対策コスト

されているのです.つまり,設計・開発段階での見落としや間違いが市場出荷後まで見つからず,**お客様の使用段階で発生してしまった場合,多くの場合製品全数への対応(交換,修理,保証など)になるため,膨大な対策費用が必要**となるのです.人命に係わるような製品や,社会システムなどでは,社会に与える損失の大きさを考えると,さらに対策コストが大きくなることは明白です.

この分析からも分かるように,不具合の発覚が後になるほど対策コストは文字どおり指数関数的に大きくなっていきますので,**品質への対応はできるだけ早い段階,できれば設計・開発の初期段階で行っておきたい**わけです.技術者は優秀に問題を解きますので,見落としや間違いが分かりさえすれば,すぐにその対策を考えて,設計変更する,方式を変えるなどの対策を打てます.ですので,大事なことは**いかに設計・開発の初期段階で,品質を「見える化」するか**ではないでしょうか.そこで次節以降,「品質を見える化」するとはどういうことなのかを考えていきましょう.

1.3節では,設計・開発段階でケアすべき「設計品質」について説明します.つぎに1.4節では,そのような「設計品質」がなぜ設計・開発段階で確保できていないのか,その問題点を考えていきます.きっと,みなさんの設計・開発現場にも当てはまることがあるはずです.1.5節では,従来実施されてきた品質調査の方法としての「信頼性試験」について考え,その課題を浮き彫りにします.1.6節ではそのような課題を解決するための,設計・開発段階で活用できる新しい品質の見える化,評価の方法である「機能性評価(機能の安定性評価)」について紹介します.1.7節では,機能性評価を使って,どのようなプロセス(仕事の進め方)で進めるのが望ましいのかを示します.

1.3 「設計品質」とは何だ？

「**設計品質**」という言葉を筆者の勤める会社でもよく使います．しかし，さまざまな人がいろんな文脈で使用するため，筆者にはいまひとつ言葉の意味がピンときませんでした．設計した製品の品質なのか，設計段階で確保すべき品質なのか，設計者の品質なのか，設計プロセスのしくみの品質なのか…．さらに「品質設計」という言葉まで飛び出してくるので，頭がこんがらがります．ちなみに「設計品質」の定義[1-4]を調べると，以下のように記載されています[9]．

> 「品質特性に対する品質目標（JIS Q 9025）．製造の目標としてねらった品質．ねらいの品質ともいう．（中略）また，実現された品質を製造品質あるいはできばえの品質という」

設計品質は「**ねらいの品質**」というので，お客様の期待を反映して何を設計すべきかという，企画の内容を指していることになります．それと対比させて「**できばえの品質**」は，上記の設計品質をねらって製造した，製品の実際の品質ということです．製造段階では部品寸法や材料，作業などのばらつきがありますので，厳密に図面の中央値どおりには作れません．なかには図面の公差範囲をはずれて不適合品（工程内不良品）も出てきます．できばえの品質を測る指標として，不適合品率（工程内不良率）があります．

設計品質についてもう少し掘り下げましょう．製造は「設計した」結果である図面に従って，そのとおりに部品や製品を作ります．指定された図面や，検査規格などに基づいて，前記の「できばえの品質」を管理します．では，その

---

9 この分野では似た言葉がいくつかあります．「故障」と「故障モード」，「パラメータ設計」と「設計パラメータ」，「特性要因図」と「要因効果図」など，講師をするときには間違わないように気をつけて使うようにしています．「きのうの講義で，**機能**の説明をしましたが…」と言いかけて「**さくじつ**の講義で…」と言い直すこともしばしばです．

1.3 「設計品質」とは何だ？

「設計した」図面は正しいのでしょうか．これにも品質があります．上記の設計品質（ねらいの品質）は，**「設計すべき」ものが正しいかどうかの品質**を示しています．市場調査や製品企画で決められる目標ですね．上記のJISの定義はこれを表しています．ところが，そのような「設計すべき」ものである**「ねらい」がどのくらい設計図面に反映されたか，という品質**もあります．これは品質目標ではなく，設計の結果です．この品質の中核となるものが，性能や，さまざまな使用条件や環境に対する機能の安定性です．いくら製造が図面どおり正確に作ったとしても，その性能や機能の安定性が設計で確保されていなければ，性能や安定性の悪い製品が量産されて大量に作られてしまいます．そのあと，出荷検査の段階（性能の場合）や，お客様の使用段階（機能の安定性の場合）で不具合を発生させます．

製造段階の検査で分かるのは，部品の寸法や外観，完成品の性能的な特性（定格出力，騒音など）が中心です．「設計した品質」が良いかどうかは，製造現場では図面が正しいとしていますので，分かりません．**「設計した品質」の確認や確保は設計・開発段階でしかできません**（あるいは，使用段階で露呈するかです）．つまり外観や性能だけでなく，機能の安定性まで確保した設計を，図面に反映させておかなければならないのです．

そうしますと，一言で設計品質といっても，市場やお客様の要求を反映した企画としての設計品質は「ねらいの品質」，「品質目標」，**「設計すべき品質」**といえますし，設計した結果（図面）がどれくらいねらいに当たっているのか，その図面どおりに作られた製品の品質は，「設計のできばえの品質」，**「設計した品質」**といって区別すると分かりやすくなります（**図表1.3.1**）．設計した結果得られる機能の安定性は「設計した品質」の一部を指しています．断りなく「設計品質」といえば，「設計段階で決まる品質」程度の広い意味を表すこととします．

14

3.1節でご紹介する「**P-diagram**」[10]は設計時に考えた機能やノイズ因子を見える化するための方法で，機能性評価の計画にあたるものですので，「設計すべき品質」が妥当なのかどうかの検討や確認に用いることができます．本書を通して説明している「機能性評価」は，実際に設計したものが，お客様のさまざまな使用環境，使用条件で安定して動くのかを実験で評価するので，これは「設計した品質」のレビューになっているわけです．つまり**「設計すべき品質」の見える化**（P-diagram）と，**「設計した品質」の見える化**（機能性評価）**の2本立て**で進めていくことが大切です．

図表1.3.1 設計品質の分類と定義（筆者による分類）

	「設計すべき品質」	「設計した品質」
定義	市場やお客様の要求を反映した企画になっているかどうかの品質.	「設計すべき品質」どおりに設計できているかどうかの品質. その図面どおりに作られた製品の品質.
別のいい方	ねらいの品質 品質目標	設計のできばえの品質
その品質を確保する段階	市場調査 製品企画	研究・開発・設計 試作・評価・試験
アウトプットの例	市場調査結果 製品企画書，仕様書 品質規格書	図面 設計検討書 評価・試験結果

---

10 「ピー・ダイヤグラム」と読みます．Pはパラメータの略です．

1.4 設計・開発業務でこんなこと起こっていませんか 〜悪魔のサイクル〜

　ではつぎに，視点をみなさんの職場，設計・開発の現場に移して，現状の仕事の進め方の考察をしていきましょう．これから説明する内容はワーストケースですが，みなさんの仕事の進め方にも当てはまり，「あるある」と思えたことは，忘れないようにより具体的に**演習1.4**の記入欄に記載しておいてください．そしてそのあと，その現状が事実なのかどうかを現場・現物・現実（3現，つまりデータ）で押えておくことが重要です．これは，改善や問題解決の計画を立案する際に，最初に考えるべきことだからです．

　図表1.4.1は，一般的な設計・開発のプロセス（仕事の進め方）における現状と問題点を示しています．これを「**悪魔のサイクル**」とよんでいます．サイクルですので，同じような出来事が開発のたびに起こります．順に見ていきましょう．

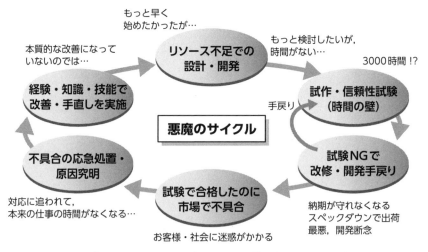

図表 1.4.1　設計・開発における「悪魔のサイクル」

まず時計で12時の位置にある「リソース不足での設計・開発」から説明を始めます．設計・開発部門におけるリソース（主にマンパワー，時間，お金）が十分にあってゆったりと仕事が進められる職場はほとんどありません．経営者は必要最小限のリソースで最大の成果を挙げたいと考えています．技術者は案件や対象機種を多くかかえ，また新規で未知の部分も多いため，設計の検討に時間がかかります．設計仕様の変更を要求される場合もあります．計算や実験での検討時間が足りない場合は，流用設計を行ったり，試作試験での検証の結論を先送りしたりして，不完全なまま次のステップに進んでしまうかもしれません．デザインレビューにも問題点がありそうです．また，十分な検討時間をとるために，開発を早く始めればよいのですが，すでに出荷した製品のトラブル対応に追われる結果，現在の開発スタートも遅れてしまいます．

設計が（一応）完了すれば，製品の試作を行い，信頼性試験や耐久試験などの規定に則った試験を行います．**1.5節**でも触れますが，このような試験は目標寿命に対する判定を行ったり，故障が発生するまで試験したりするため非常に時間がかかります．しかし規定に則った試験のため必ず実施する必要があります．1回目の試験で合格すればまだよいのですが，不合格になるとその原因を調べて，設計を手直しするという**手戻り**が発生します．試験はもう一度実施する必要がありますので，このロスは非常に大きなものです．

開発期間が延びて，納期が迫ってきます．納期までに「設計した品質」が「設計すべき設計」の目標値を達成できない場合は，納期が守れなくなります．お客様に迷惑がかかるか，あるいは季節商品の場合は市場投入ができずに商機を逃すこともあり得ます．あるいは，納期必達の場合は，当初の目標としていたスペックを落としたり，お客様の使用条件や使用環境を制限する形で製品を出荷することになります．あるいは，改修不能でこのままでは製品にできないという場合は，開発自体を断念する場合もあります．これらはお客様に迷惑をかけるだけでなく，大きく経営上のリスクとしてのしかかってきます．

1.4 設計・開発業務でこんなこと起こっていませんか 〜悪魔のサイクル〜

　製品が合格品として出荷されますが，製品の出来によっては，お客様の使用段階で不具合（故障，機能低下）が発生します．出荷前の試験で合格したのにもかかわらず，不具合が起こるのです．「設計した品質」のレベルが不十分であると，温度変化や繰り返し加わる力，長期間の使用による劣化などによって，製品の働きである機能が変動したり，ばらついたりして，最終的には故障に至ります．形ある製品は，いつかは壊れるものですが，お客様が期待していた寿命よりも短期間で壊れてしまっては迷惑がかかり，クレームとなります．

　お客様のところで不具合となった製品は，交換や修理という形で応急処置がとられます．設計起因の不具合の場合は，まだ不具合が発生していない多数の製品についても将来不具合が波及する可能性がありますので，メンテナンスや改修を行ったり，場合によってはリコールで製品を回収する場合もあります．応急処置後は，その不具合の発生原因を究明する必要があります．もともと不具合を出そうとは思っていないわけですから，未知，無知，想定外の要因であることも多く，原因究明に時間がかかります．

　不具合の原因が見つかれば，それをこれまでの経験や知識を使って改善します．いわゆる職人的な経験や技能によって修正しなければならないこともあるかもしれません．発生した不具合についてはこれでいったん治まったように見えます．しかし注意しなければならないのは，今回の対策は「発生した不具合」に対してのみ有効だということです．それ以外の故障モード（壊れ方）や，原因に対しては十分に対策が打てていないのです．本質的な設計改善になっていないという心の傷を持ちながらも，その設計が次の開発のベースモデルとなります．つまり不具合の「種」は仕込まれたまま，次の市場での不具合発生の機会をうかがっているのです．試験では分からない不具合の種は，さまざまな条件で多数のお客様が使用した結果，初めて分かることになるのです．

■**演習 1.4**

　自職場の設計・開発の進め方における問題点を,「悪魔のサイクル」を参考にしながら, より具体的に書いておきましょう.

1.5 信頼性試験は万全な方法か ～三つの壁～

　製品や購入部品の品質が確保されているかどうかを確かめたり調べたりするために，製品開発の途中の段階で―――製品なら開発終盤の試作段階で，購入部品ならそれを選定する段階で―――信頼性試験を行っています．信頼性試験にはいろんな種類や目的がありますが，ここでは寿命試験や耐久試験ともいうような，製品や部品の寿命や故障率を調べるような試験について考えます．製品開発を行う際には，通常，製品企画段階で定められた「設計すべき品質」において，製品出荷後の品質レベル（寿命○年，市場故障率○％）が示されます．製品を設計，試作後にその品質レベルに適合（合格）しているかどうかを信頼性試験で調べます．合格すれば晴れて，「この"設計した品質"で問題ない」となり，量産・出荷に移行するわけです．

図表1.5.1　設計と製造の「できばえの品質」（筆者による分類）

	「設計のできばえの品質」	「製造のできばえの品質」
定義	「設計すべき品質」どおりに設計できているかどうかの品質．その図面どおりに作られた製品の品質．	「設計すべき品質」＝図面どおりに製造できているかどうかの品質．
別のいい方	「設計した品質」	「製造した品質」
その品質を確保する段階	研究・開発・設計 試作・評価・試験	製造・品質管理・検査
確保する方法	出荷後の使用環境・使用条件のさまざまな違いによっても，正常に製品が機能するような設計の実施． 図面どおりに作られたものが試験や評価に合格すること．	材料，組立，熟練度などにより工程がばらつくため，管理図で工程の状態を見える化して，異常が起こった場合は修正などの対策を打つ． 合格品を選別するため検査を行う．
アウトプットの例	図面 設計検討書 評価・試験結果	検査結果 工程内不良率（不適合品率） 作用履歴・管理図

なお，注意してほしいのは，製品には製造のできばえの品質もあります．信頼性試験に適合した設計であっても，製造のできばえが悪いと製品として不適合（不合格）になってしまいますので，正しい設計図面どおりの製品が作られているかどうかは，製造工程内や製品出荷前の「検査」で調べるのです．信頼性や機能の安定性は「設計した品質（＝設計のできばえの品質）」をチェック，製造工程での検査は「製造のできばえの品質」をチェックしていることを押えておきましょう（**図表1.5.1**）．

▶▶ 信頼性試験における三つの壁

さてこのように，設計で品質が確保できているかどうかのチェックは従来信頼性試験を行ってきたわけですが，これが最良の方法なのでしょうか．以下に，信頼性試験における課題を三つの視点で示します．

(1) **複雑さの壁**（品質に関係）
(2) **数の壁**（コストに関係）
(3) **時間の壁**（納期に関係）

まず「**複雑さの壁**」です．信頼性試験というと，一般には使用段階の環境を模擬していると思われがちですが，そうではありません．信頼性試験は，単一の要因に対する試験なのです．たとえば，高温放置試験，ヒートサイクル（温度の上げ下げ）試験，振動試験，…といったように，単一の要因について合格の基準値（例：80℃環境で1000時間放置したあと正常に動作すること）に対する合否を判断します．ところが，実際に製品を使用するときを考えてみてください．たとえば講演でレーザポインタを使っています．室内で使用していても，夏場と冬場では環境温度は異なります．また手のひらからの熱や塩分を含んだ水分などが伝わっています（高温，高湿，腐食性イオン）．ボタンを繰り返し押しています（繰り返し応力，摩耗）．講演の調子が上がってきて，ポインタを振り回し始めました（加速度，振動）．誤って落としてしまうかもしれ

ません（衝撃）（**図表1.5.2**）．

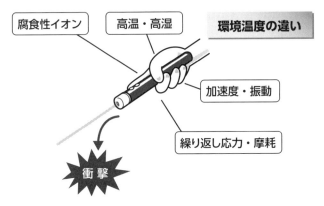

図表1.5.2 「複合的な」使用環境

このような一見，室内のマイルドな環境での使用でも，「**さまざまな種類のストレス要因が**」，「**同時に**」，「**繰り返し・継続的に**」（これらをまとめて「**複合的に**」といいます）製品に，加わりますので，製品の身になればたまったものではありません．自動車だともっと厳しい環境です．

つまり製品の使用段階では，信頼性試験で行っているような単一の要因だけでの環境や使い方というのはあり得ないのです．**使用段階という非常に複雑な環境や使用条件が信頼性試験では模擬できていない**のです．信頼性試験で合格して，出荷前の検査も合格したはずのピカピカの製品が，期待に反して短い使用期間で故障したり性能が低下したりすることがあります．信頼性試験の条件と使用段階の環境条件や使用条件が異なるわけですから，出荷前には思ってもみなかった（でもよく考えればあり得る）ような「複合的な」条件で，不具合が発生するのです．したがって，製品の使用段階での品質を確保するためには，使用段階の条件に合うような複雑な条件で製品の品質の「実力」を調べる必要があることがわかります．

二つ目は「**数の壁**」です．信頼性試験ではたとえば，サンプル数の90%が故障せずに生き残る年数を寿命としたり，逆に何千時間かの試験時間を設定しておいて，その期間の故障率を求めます．それらが，あらかじめ設定した寿命や故障率の基準を満足しているかどうかを調べます．信頼性工学は，非常に統計学と関係の深い学問で，そのなかの信頼性試験のやり方の設計や，信頼性の判定には統計学を活用します．前記の「90%のサンプルが故障せずに」というためには，割合が求まるだけのサンプルの個数が必要です．たとえば100個中90個ということです．また「試験○時間後の故障率が0.1%以下」というような基準の場合は，故障率が求まるようなサンプルの個数が必要です．100個のサンプルでは0.1%以下の故障率の判定はできません．詳しい話は省きますが，仮に90%の正しさで（これを信頼度90%，あるいは危険率10%といいます）故障率0.1%以下を主張するためには，2300個のサンプルを試験する必要があるのです．ほとんどの製品では，設計・開発段階でこれだけのサンプルを準備することはできません．できたとしても試作や計測のコストや手間がかかりすぎて現実的ではありません．**統計学に頼ることと，ある基準に合格したかどうかという判定方法（0/1判定）では，サンプル数という点で課題がある**のです．したがって，設計・開発の初期段階というサンプル数があまり準備できない状態では，何か工夫をして少ないサンプル数で品質をチェックする方法が必要となります．

　さいごは「**時間の壁**」です．信頼性試験のなかには，数千時間の試験時間が必要なものが少なくありません．信頼性試験では使用段階の実時間（たとえば10年＝87660時間）を**加速**[11]という考え方を使って，数百～数千時間に短縮しているにもかかわらずです．そもそもなぜこんなに長い試験時間を必要とする

11　信頼性試験を別のいい方で，加速試験ともいいます．本文の記載にもあるように，信頼性試験では単一の要因を扱います．単一の要因に対する，単一の壊れ方（故障モード）について，物理的・化学的なモデルを立てて，「温度を10℃上げて試験すると，試験時間を何倍に加速（何分の1に短縮）できる」という知見を得ます．これを利用して，試験条件を厳しく（温度を上げる，荷重を大きくする等）することで，実使用期間よりも短い試験で，同じ壊れ方を再現するのです．

1.5 信頼性試験は万全な方法か 〜三つの壁〜

のでしょうか．「数の壁」のところでも述べましたが，信頼性試験では寿命や故障（率）を対象にします．つまり品質を定量化するためには，寿命が来るまで，つまり故障するまでの試験が必要なのです．**2.4節**で紹介する購入電子部品では，従来は 10,000 時間以上の試験を実施していたのです．時間がかかっても合格すれば次のステップに進めて報われますが，試験の結果不合格になるとどうでしょうか．もう一度部品の選定をやりなおしたり，設計を変更したりして，また長時間の試験を実施する必要があります．**設計変更や修正を速く行って，短時間に品質を確保したい設計・開発の現場にとっては，このような時間のかかる試験を設計・開発段階で繰り返し実施することはできません**．したがって，ここでも何か工夫をして，短時間の試験で品質をチェックする方法が必要となります．

まとめると，設計・開発の初期段階で用いる品質チェックの方法として，信頼性試験に代わる，「**使用段階の条件を模擬した複合的な条件で**」，「**少ないサンプルで**」，「**短時間で**」実施できるような新しい品質のチェック方法が求められている，ということが理解できたかと思います．この方法論については，**1.7節**および**第2章**で詳しくひも解いていきましょう．

■**演習 1.5**

あなたが関わる製品ではどのような試験（信頼性試験，耐久試験，寿命試験，規格試験，検証試験，…）があるでしょうか．その試験条件は，どのような条件（温度，振動等）でしょうか．試験時間（試験回数）やサンプル数はどのようになっているでしょうか．試験条件は実際の使用環境や使用条件とどのように異なっていますか．仮にそのなかで一番時間のかかる試験で不合格となった場合のリスクを考えてみましょう．

試験の種類	試験条件	試験時間	サンプル数
・			
・			
・			
・			

試験条件と実際の使用環境・使用条件との違い
_____
_____
_____
_____

試験で不合格となった場合のリスク
_____
_____
_____
_____

1.6 飛躍的短時間評価法「機能性評価」とは？

　出荷後の使用段階でのトラブルを防止したり，設計・開発や製造中の手戻りを減らすためには，設計・開発の初期段階での効率的な品質のチェック方法が必要とされることが分かりました．つまり早く分かれば早く直せるわけです．そこで，信頼性試験に代わる，「使用段階の条件を模擬した複合的な条件で」，「少ないサンプルで」，「短時間で」実施できるような新しい品質の評価方法とはどういうものか見ていきましょう．このような評価方法のことを品質工学では「**機能性評価**」といいます．「機能性」とは「機能の安定性」のことですので，「**機能の安定性評価**」といってもよいのです．

　機能性評価とは，製品が出荷後，お客様の手に渡って使用される段階での実力を評価するということです．実験室でのチャンピオンデータや，出荷当時での初期性能だけ良くてもだめで，お客様の使用条件や環境条件がさまざまでも，できるだけ機能（製品の働き）が変化しない，乱れないことが重要です．パソコンの処理速度や，自動車の燃費，照明の明るさなど，スペックどおりに新品と同じようにいつまでも機能してほしい．このような「製品使用段階での実力」を，「**早く**」(設計・開発の初期の段階で)・「**速く**」(短期間でスピーディに) に見える化したいのです．これによって，設計に悪いところがあれば，<u>設計変更の自由度が高い，「小さい段階」で直しておく</u>ことが大切です．このような<u>「短時間での実力の見える化⇒設計改善」の小さいサイクルを繰り返す</u>ことで，自信がもてる設計に近づけていきます．具体的な手順は**第2章**で紹介します．

1.7 目指すべき設計・開発プロセス ～早く分かれば早く直せる～

1.6節で述べたような新しい品質評価方法が可能とすれば，どのように設計・開発プロセスを改善できるでしょうか．悪魔のサイクルから抜け出すためには何を行えばよいのでしょうか．ポイントは，設計開発の初期段階に「機能性評価（機能の安定性評価）」を導入して，「早く」（開発プロセスの早期に），「速く」（スピーディに短期間で）品質を評価するところです．1.2節でも述べたように，できるだけ規模が小さく変更が容易な早い段階のほうが対策コストは小さいのです．「速い」評価の繰り返しによって，「早い」段階で設計の完成度を向上させて，後工程である試作，量産，そして出荷後の使用段階での不具合による手戻りを防ぎます．これが目指すべき設計・開発のプロセスです．そのような機能性評価が可能となったとして，**図表1.7.1**を順に見ていきましょう．

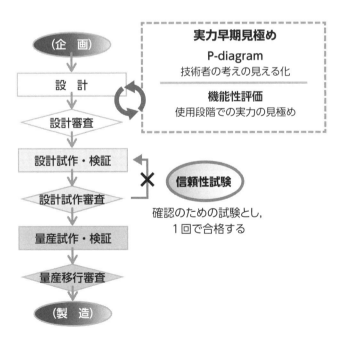

図表1.7.1 目指すべき設計・開発プロセス

1.7 目指すべき設計・開発プロセス ～早く分かれば早く直せる～

　同図の上から下に向けて，量産製品におけるものづくりの流れを示しています．本書では「お客様に喜ばれるように，何を作るべきか」を決める「企画」の問題は原則扱いません．「何を作るべきか」は決まっているものとします．

　製品の企画が終わると，技術者は製品の設計を行います．企画で決められた機能（製品の働き）を実現するような機構や構造を考えて，具体的に図面に落とし込んでいく過程です．既存の技術だけでは設計できない場合は，事前の**研究開発**を行う場合もあります．同図で示している「設計」は設計に必要な検討も含んでいると考えてください[12]．設計は，基本的には図面や仕様書などのドキュメントや情報がアウトプットとなりますが，設計検討のための小さな実験も行います．これは次の「設計試作」に入る前に，設計と並行して行うコンピュータシミュレーションモデルでの検討や，部分的な試作モデルを作製しての実験ということです．**機能性評価ではこのような設計段階で行う小規模な実験をとおして，技術的知見や設計の弱いところを見出しながら，「設計した品質」のレベルを高めていく**のです．このような小規模な実験を通した検証は，短時間での機能性評価と組み合わせることで，**ショートサイクルでの設計フィードバック**を可能とします（同図の回転矢印）．

　このような設計の初期段階で行うべきことは「**二つの見える化**」です．一つは，**機能性評価を行おうとしている技術者の頭の中の見える化**です．機能性評価の考え方は正しいのか，機能やノイズ因子に間違いやもれはないのか等を，第三者の目でチェックするためには，これは欠かせません．3.1節で紹介しますが，P-diagramというチャートを使ってこれをまとめます．

　もう一つの見える化は，**技術者が「設計した品質」の見える化**です．上記の技術者の考え，すなわち機能性評価の計画に問題がなければ，その計画に沿っ

12　理想的には，将来の製品設計に必要となる技術を研究開発によって先に準備しておくべきです．しかし現実的には設計の過程で，不明な部分や性能，機能的に不十分なところが出てくることもあり，開発と設計は同時で進むこともあります．

てシミュレーションや試作のモデルを用いて機能性評価を行います．標準的な条件で正常に機能することはもちろん，使用段階での使用条件や環境の違いによって機能の仕方（働き）がどの程度ばらつくのか，それはどのような条件のときに起こるのか等を見える化していきます．これは結果の絶対値の正しさを追究するよりも**短時間で結果を出して，次のアクションに早くつなげていく**ことに主眼があります．

このような見える化と設計改善を短期間に（必要であれば繰り返し）行っていくことで，自信のもてる設計に近づけていきます．この時点ではまだ修正コストは小さいのです．**自信のもてる設計になっているかどうかは，比較対象との比較によって行います**．市場実績のある従来品や，高評価を受けているライバルメーカ品などと比較して，それと同等か上回れば大丈夫と考えるのが基本的な考え方です．

P-diagramや，機能性評価の結果は，**ピアレビュー**とよばれる小規模で技術内容に精通したメンバーで確認しておきましょう．P-diagramにおけるお客様の使用条件，使用環境の条件については，技術者の思い込みに陥らないように，お客様に近いところにいる部門（営業，品質保証，企画など）の意見をもらうことも重要です．これについては**第3章**のノイズ因子のところでもう一度取り上げます．

設計・開発プロセスに戻ります．機能性評価を通した設計が完了すれば，**デザインレビュー（DR：設計審査）**に進みます．設計のアウトプットである図面や仕様書，評価の成績書などの各種のドキュメント類を持って臨みます．DRをパスすれば，製品の試作を行います．試作の段階も製品や組織によって，段階が複数あったりしてさまざまですが，同図では大きく「設計試作」と「量産試作」の二つのフェーズに分けています．設計試作ではまだ設備や金型等の量産に必要な手配を行っていない段階です．量産での製造設備を（必ずしも）使用しないで，数量限定サンプルで作製します．設計試作では試作コストがかかる場合が多く，多くの数量が作製できないことが多いのです．この時点では

1.7 目指すべき設計・開発プロセス ～早く分かれば早く直せる～

機能するだけではだめで，**信頼性が確保されていることも検証**します．設計・開発プロセスの中では，ここで信頼性試験を行うことが多いと思います．設計試作の審査では，標準条件での動作はもちろんのこと，規定の信頼性試験にパスして信頼性の確認ができたのかどうかをチェックします．1.4節でも述べましたが，この段階での手戻りは大きなロスになります．信頼性試験に要した長い時間は返ってきません．試験結果によっては大幅に設計を見直すこともあり得るわけです．しかし新しい設計・開発プロセスでは**設計段階で，機能の安定性を十分高めた設計にしてありますので，既知で特定条件の信頼性試験は1回で合格できるレベルが期待できます**．信頼性試験を設計の悪さを見える化する場とするのではなく，**確認のために，あるいは所定の信頼性データを取得するために1回だけ実施**して通過することを目指すのです．これが可能になるのも，機能性評価では信頼性評価よりも複合的で極端な条件の評価を行っているからに他なりません．

信頼性試験および設計試作審査をパスすればつぎに，量産試作に移行します．量産設備や量産金型等を用いて，量産と同じ条件で数多くの試作を行い，量産プロセスにおける製造ばらつき，工程能力，品質管理方法，作業性などが検証されます．ここで，手戻りがあるとすれば製造起因の問題です．つまり，図面どおりにものが作れていない問題です[13]．**生産技術**についても，その機能を事前に安定化させておくことが重要で，これにも機能性評価を活用できます．

さいごに量産移行審査を経て，パスすれば正式に製造開始となります．

以上のように目指すべき開発プロセスを見てきました．ポイントは設計・開発の初期段階に，機能の安定性に関する関所を設けるということです．そこで設計の悪いところを早く見つけて，早く直すということです．もちろん，品質

---

13 製品そのものが作りにくい構造になっている，というような問題は設計起因の問題です．そのような設計になっていないかの確認は，設計審査で行います．図面だけで分かりにくい場合は，モックアップを作って実物を見ながら，さわりながら議論しましょう．最近では3Dプリンタが普及していますので，このような検討は比較的簡単になりました．

工学のさまざまな方法論を使えばもっと革新的な設計・開発プロセスというのはあり得るでしょう．しかし設計・開発プロセスすなわち，仕事のやり方やしくみを変えるというのは，一般に大変なことです．まずは，機能の安定性評価を導入するところから考えてみませんか．

▶▶ 信頼性試験はなくなるのか

　この章の最後に，機能性評価を行えば，長時間の信頼性試験はなくなるのかどうか考えてみましょう．結論からいえば，多くの場合**なくならない**と考えます．機能性評価を実施して設計・開発の上流で品質を向上して，実力的に十分信頼性試験をパスできるとしても，さまざまな理由から信頼性試験を実施する必要性は残ります．たとえば法規や業界規格などで試験や数値の表示が求められる場合，カタログ等に試験成績を記載する必要がある場合，客先との契約による場合などです．信頼性試験はこのような目的のもと，確認の意味合いで行いますので，ここで手戻りすることがないようにしたいものです．そのような実力をもった設計なら，信頼性試験を進めながら並行して量産準備を始めても大きなリスクはないと考えられます．

1章のまとめ

- [ ] クレームやお客様の使用段階での不具合の大半は，設計・開発段階の要因（購入品の評価・選定も含む）．つまり，設計・開発段階での仕事の質や，どれだけリソースを有効に投入したかによって，製品品質の大半が決まってしまう．

- [ ] 新品の段階はもちろん，使用しているうちに性能が低下してきたり，故障して性能や機能が維持できなくなったりすると，クレームになる．このような「あたりまえ品質」に設計・開発段階で対処することが技術部門の役割．

- [ ] 開発後期になるほど対策コストは高くなる．なので，品質への対応はできるだけ早い段階，できれば設計・開発の初期段階で行っておきたい．

- [ ] 大事なことはいかに設計・開発の初期段階で，品質を「見える化」するか．見える化したものは，技術者は対策が打てる．

- [ ] 設計品質は「設計すべき品質」と「設計した品質」の二つ．

- [ ] 「P-diagram」は設計時に考えた機能やノイズ因子を見える化するための方法で，機能性評価の指針となるもの．これは「設計すべき品質」が妥当なのかどうかの確認に用いることができる．

- [ ] 「機能性評価」は，実際に設計したものが，お客様のさまざまな使用環境，使用条件で安定して動くのかを評価する方法．これは「設計した品質」のレビューに用いることができる．

- [ ] 長期間の試験や手戻りによって，「悪魔のサイクル」が発生している．

- [ ] 信頼性試験の三つの壁は，「複雑さの壁」，「数の壁」，「時間の壁」．

- [ ] 「機能性評価」とは，「使用段階の条件を模擬した複雑な条件で」，「少ないサンプルで」，「短時間で」実施できるような新しい品質の評価方法．

- [ ] 目指すべき設計・開発プロセスは，設計開発の初期段階に「機能性評価（機能の安定性評価）」を導入して，「早く」（開発プロセスの早期に），「速く」（スピーディに短期間で）品質を評価して見える化する．これによって開発後期での手戻りを最小限にする．

第2章

製品使用段階での本当の実力を見える化しよう！
〜機能性評価〜

2.1 機能性評価とは

　ここではまず機能性評価の全体的な流れを見ていきましょう．機能性評価を行う段階では，「何を作るべきか（企画，対象）」，「それをどう実現すべきか（システムや技術手段の選択，設計）」，「モノの準備（試作・シミュレーション）」は一応完了[14]しているものとします．

▶▶ 機能性評価の手順

(1) 対象（製品，部品（サブシステム[15]））の働きである「**機能**」を定義します．「機能」は入力と出力の関数関係で表現するのが基本となります．

(2) その「機能」の入出力関係が変動する，乱れる，ばらつくような，主に製品使用段階での要因＝「**ばらつき要因**」を多数検討して取り上げます．

(3) 「ばらつき要因」のなかから重要な要因として「**ノイズ因子**」を選択して，その条件を組み合わせます．

(4) 組み合わせた「ノイズ因子」のもとで，対象の機能がどれくらい変動するのか，ばらつくのかを観察して「**SN比**」で定量化します．変動が大きければ，製品使用段階での実力が弱いということです．

(5) 必要に応じて，どのノイズ因子に対して特に弱いのかを分析します．

(6) ノイズ因子に対する弱みの対策を講じて，設計を改善します[16]．

　このようにして，従来であれば製品開発の後期で行っていたような，製品全

---

[14] 「一応完了」と言ったのは，機能性評価によって設計の弱みが見つかり，設計の変更や改善がこのあと発生する可能性があるためです．試作や機能性評価の実験に移る前に，机上でできるFMEA (Fault (Failure) Mode and Effect Analysis, フォールトモード（故障モード）と影響解析)/FTA (Fault Tree Analysis, 故障の木解析)によるチェックや，デザインレビューなどを実施しておくことが望ましいのです．しかし，その時間もないという場合や，試作（シミュレーション）が比較的簡単（低コスト，短時間）にできる場合は，機能性評価で一気に悪いところを見える化してしまうというのも一つの現実的な方法です．

[15] 生産技術（切削，鋳造，成型，加工，接着など）も対象に含まれますが，本書ではお客様の手に渡る製品，あるいはその一部である部品やサブシステムを中心に説明します．

体の信頼性試験の段階や，製品の使用段階で起こり得る不具合（実力の低さ）が，設計・開発の早い段階で見える化できるようになります．

さて，実際に機能性評価を行うためには，
「何を測って評価すべきなのか」
「どのように対象をいじめればよいのか」
「どのように品質の良さ・悪さを定量的に評価・比較すればよいのか」
の3点を検討するため，これらの方法についてマスターする必要があります．これらは，それぞれ

「**機能**」の定義
「**ノイズ因子**」の抽出・選択
「**SN比**」の計算

とよばれています．これを筆者は機能性評価における「**3種の神器**」とよんでいます．これらの実務的な考え方については**第3章**で詳しく説明していきますが，ここでは，全体のイメージをつかむためにそれぞれについて簡単に解説しておきます．

2.1.1 機能定義

「**機能**」というのはモノの働きのことです．電球には周りを明るく照らすという機能がありますし，ホチキス（ステープラ）には紙を綴じるという機能があります．モータには回転する動力を出力するという機能，エスカレータには人を低い位置から高い位置（あるいはその逆）に運ぶという機能があります．自動車の走る，曲がる，止まるといった複数の機能や，スマートフォンのよう

---

16 設計改善手段がなく，納期も迫っているときは，設計改善以外の手段を取らざるを得ない場合もあります．ノイズ因子（振動，高熱，過電圧など）に対する防護措置，冗長化，マージン確保，補償回路やフィードバックなどの制御の追加，使用方法・市場条件の制限，部品のグレードアップ，加工精度の向上，選別などが挙げられます．いずれにしてもコストアップになったり，お客様に使用制限を与えてしまうものが多いので，製品全体のバランスで対応を決めることになります．できるだけそうならないように，設計・開発の早い段階で始めることが重要です．

2.1 機能性評価とは

に多数の機能をもつものもあります．しかしよく考えてみてください．本来は逆ですね．ユーザの「何をしてほしいか」，「どうなってほしいか」という願望やニーズが先にあって（あるいは製品の企画者がそれを先取りして），その願望やニーズを満たすために開発・発売されたものが製品やサービスになっているのです．つまり機能とは，製品やサービスが具現化する前のユーザの願望やニーズを表すものといってもよいでしょう．その結果として存在しているさまざまな製品は，それぞれ固有の機能をもつことは当たり前のことです．製品を開発した技術者にとっては本来，機能は自明なもののはずです．

さて，機能性評価における機能もこれに近いですが，もう一歩踏み込んで考えます．機能の出力がお客様の願望やニーズであるとすると，**その出力を引き出すための入力が何かあるのではないか**，と考えるのです．電球などの照明を例にとれば，照明をユーザの思いどおりの明るさ（もう少し明るくしたい等）で光らせるためには，ユーザは何かをコントロールしなければなりません．照明は，普通は電力を供給して光りますから―――蛍を光源にした照明でもまったく構わないですが―――，明るさを変えたいと思えば，入力の供給電力を変化させます．明るさをコントロールできる照明では，明るさを調整できるつまみが付いていますね．これは照明の回路の電気抵抗を変化させることで，供給する電力を変化させているのです．プロジェクタや液晶モニタの明るさ調整も同じことです．

このようにして，製品の機能というのは，ユーザが欲しいと思う出力を何らかコントロールできるような入力を備えているものが多いのです．このような「**入力と出力の関係**」を機能性評価（品質工学）では，「**機能**」とよんでいます．

もう一つ考えておくべきことがあります．そのような「入力と出力の関係」が，どのようになっていれば理想的か，ということです．これを**理想状態**とよびましょう．理想状態は仮想的なもので，実製品で実現させる目標とは異なります．電力を用いる照明では，入力（電力）と出力（明るさ）の関係は，まったくロスがなく効率100％というのが理想ですね．それを図示すると，**図表**

2.1.1のようになります．横軸は入力で，電力です．縦軸はそれに対して，出力された光量です．入力が0のときは，もちろん出力も0ですので，原点（ゼロ点）を通ります．ロスがなく効率100％が理想ということですので，**入力と出力は（単位が同じなら）傾きは1の比例直線**になります．これが照明の機能の理想状態です．このような入出力の関係と，その理想状態を定義することを「機能定義」といいます．

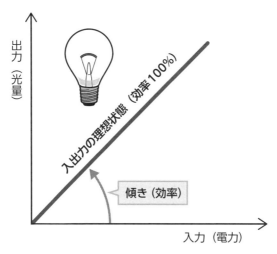

図表2.1.1 照明（電球）の機能と理想状態

このような機能定義のご利益と，具体的な考え方は**第3章**で学びますが，機能はユーザが欲しいと思っているものなのですから，機能を理想状態に近づけて，ばらつきや変動も小さくするような設計にすることが，ユーザのニーズを満たすことにつながるのです．

2.1 機能性評価とは

■演習2.1.1

(1) 「人を運ぶ」という機能をもつものを思いつくまま挙げてみましょう．

_____
_____
_____

(2) 太陽光発電システム（太陽電池），モータ，コピー機について，それぞれの入力と出力が何なのか，またその理想状態はどういう状態なのか言葉で書いてみましょう．また身の回りにある日用品や，あなたの担当している製品についても考えてみましょう．いまは難しいと思いますが，チャレンジしてみてください．正解は一つではありません．

- 例）電球： 入力　<u>電力エネルギー</u>　　出力　<u>光量</u>
  　　　　　理想状態　<u>電力が100%光量に変換される</u>　こと
- 太陽電池： 入力_____　出力_____
  　　　　　理想状態_____こと
- モータ： 入力_____　出力_____
  　　　　　理想状態_____こと
- コピー機： 入力_____　出力_____
  　　　　　理想状態_____こと
- _____： 入力_____　出力_____
  　　　　　理想状態_____こと
- _____： 入力_____　出力_____
  　　　　　理想状態_____こと
- _____： 入力_____　出力_____
  　　　　　理想状態_____こと

(3) 左記の機能の理想状態をグラフにしてみましょう．

　ゼロ点を通るかどうかも明示してください（通る場合は原点に 0 を表記）．

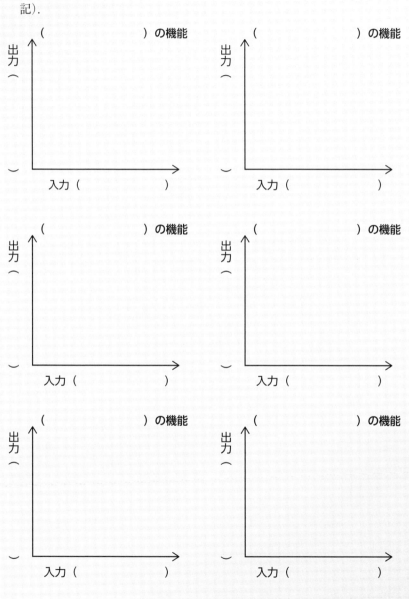

2.1.2 ノイズ因子の抽出と選択

　2.1.1項で定義した機能が，製品出荷時と同じようにいつまでも，どんな環境でも変化なく働いてくれることが望まれます．しかし実際は，使用しているうちにいろんなところが劣化して，入出力の効率が低下します．また使用する温度によっても入出力の関係は変化します（**図表2.1.2**）．これによって，お客様は不満をもち，場合によってはクレームになったり，違うメーカに乗り換えたりするでしょう．つまり「あたりまえ品質」が十分に満たされない状態です．

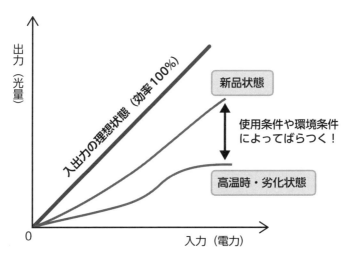

図表2.1.2　使用段階での機能の入出力関係の変化（模式図）

　どのような製品でも多かれ少なかれ，部品や材料が劣化したり，温度などの使用環境の影響を受けたりしますので，それに対して安定な設計をしておくことが必要なのでした．そのような設計になっているかどうかを調べるためには，お客様の使用条件や使用環境をよく考えて，それを機能性評価の条件のなかに取り込まなくてはなりません．さまざまな使用条件や使用環境のことを，機能をばらつかせる要因という意味で「**ばらつき要因**」とよぶことにします．そのような多数のばらつき要因のなかから，重要なものを選んでそれらを機能

性評価の条件に組み入れます．このような特に機能性評価に選ばれたばらつき要因を「**ノイズ因子**（または**誤差因子**[17]）」といいます．

　機能性評価では，信頼性試験では行わなかったような「複合的な条件」で評価を行います．どのようにばらつき要因をたくさん抽出し，そのなかからどのようにノイズ因子を選ぶのか，その条件の厳しさはどうするのか，どのように組み合わせるのか，…等々の実務的な疑問点には**第3章**以降でお答えすることにします．

　ここまでで機能定義とノイズ因子について見てきましたが，気づくことはないでしょうか．そうです．機能性評価では一貫して**お客様の立場**で評価を行っているのです．お客様が欲しいと思う出力と，それをお客様がコントロール可能な入力との組み合わせで機能とその理想状態を考え，またお客様の使用条件，使用環境といったノイズ因子でその機能がどの程度安定しているのかを評価します．規格やルールに基づいた「試験」ではなく，お客様が実際に使用したときにどれくらい満足してもらえるかという「評価」を行っているのです．これは機能性評価における大事な点ですので，覚えておいてくださいね．

---

[17] 本書ではノイズ因子で統一します．誤差因子の「誤差」という言葉が，計測誤差，実験誤差のような消極的な偶然のばらつきをイメージさせるためです．ノイズ因子とは，機能の安定性を評価するために積極的に与える意地悪な条件のことですから，偶然のばらつきではありません．

2.1 機能性評価とは

演習 2.1.2

自転車には「走る」,「曲がる」,「止まる」といった主な機能がありますが,自転車を使用する立場に立って,その環境条件,使用条件を挙げてみてください.またそれによって,自転車の部品や材料はどのように劣化・変化して,自転車の機能としてはどんなことが起こり得るでしょうか.ここでは,網羅性は気にせずに,思いつくまま挙げてください.

ユーザの使用条件・環境条件は？	自転車（部品・材料）にどんな変化が起こる？	その結果,自転車の機能はどうなる？（故障,不便,危険等）
例）濡れた路面での走行	例）タイヤと路面の摩擦係数が低下	例）スリップして曲がれない,止まれない.

2.1.3 SN比の計算

　3種の神器の最後は**SN比**です．実は機能性評価の実験の計画は，上記の機能定義とノイズ因子の種類，厳しさ，組み合わせ方の決定でほぼ完了しているのです．SN比はそれらの計画に基づいて機能性評価を行ってデータが得られた結果，どのように「安定性」を定量化するのか，という問題です．つまり**SN比とは機能の安定性を測る尺度（ものさし）**です．ただし，SN比が意味のある正しい値となるかどうかは，機能とノイズ因子の検討にかかっています．間違った機能，不十分なノイズ因子では，計算されるSN比は妥当なものとはなりません．

　品質工学を勉強したことがある方は，SN比というと難しい統計学の計算をしなければならない，というイメージがあるかもしれません．しかし，**第3章**で説明しますように，現在では統計を使わずに簡単にSN比を求める方法が開発されています．また計算はExcelなどの計算ソフトを使用すればよいのですから，SN比の計算そのものを恐れる必要はありません．大切なのはその計算に用いるデータであり，それは正しい機能定義，適切なノイズ因子の選択によって得られるものです（もちろん，実験における測定などの誤差の管理も重要です）．

　ここでは細かい数式ではなく，SN比が何を評価しているのかだけ理解しておきましょう．**図表2.1.3.1**は，入出力の機能の定義に対して，2条件のノイズ因子条件（イメージとしては，新品と劣化後と考えてください）のデータが得られた状態を示しています．ノイズ因子条件N_1（新品），N_2（劣化）によって，出力の大きさ（傾き）が異なっています．また理想的には比例直線になってほしいので，曲がりの成分やN_1，N_2からのばらつきの成分（まとめて**非線形成分**）も発生しています．

2.1 機能性評価とは

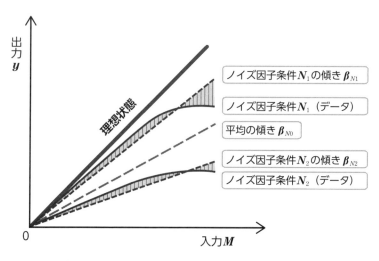

図表2.1.3.1 ノイズ因子によってばらついたデータ

つぎに，**図表2.1.3.2**を用いて**有効成分**と**有害成分**について見ていきます．縦軸は機能の出力で，お客様が欲しいと思っているものでした．つまり入出力の傾き β（変換効率）は大きいほうがうれしいわけです．いま，評価ではN_1とN_2の傾き β_{N1}，β_{N2}が得られていますので，この**平均の傾き β_{N0}**の大きさの成分を欲しい成分（有効成分A）としましょう．つぎに，欲しくない成分にはどのようなものがあるでしょうか．一つは，**積極的に与えたノイズ因子条件N_1とN_2の間のばらつき（差）**です．使用条件，環境条件といったノイズ因子の条件によって，出力が変わってほしくないのでした．これが欲しくない成分（有害成分B）の一つ目です．もう一つは，本来線形になってほしいのに，そうなっていない**非線形な成分**です（同図では斜線のハッチング）．これが大きいほど欲しくない成分（有害成分C）は増します．

まとめますと，増えるとうれしいのは平均的な傾きの大きさである「有効成分A」です．増えるとうれしくない，減ってほしい成分は，ノイズ因子の条件間の差である「有害成分B」と，非線形な成分である「有害成分C」です．

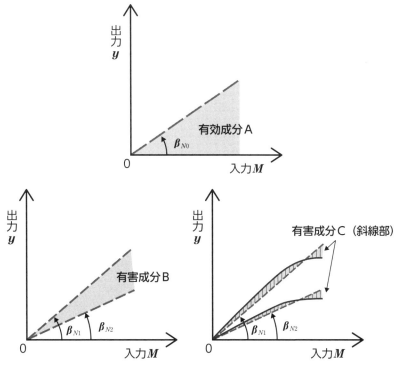

図表2.1.3.2 ノイズ因子によってばらついたデータの有効成分と有害成分

SN比とは,これらの有効成分と有害成分の比をとったものです.すなわち,

SN比＝(有効成分A)／(有害成分B＋有害成分C)

です.簡単ですね.

分子が大きいほど良く,分母が小さいほど良いわけですから,SN比全体では,「大きいほど良い」という尺度になっています.つまり,機能性評価を行っても<u>SN比が大きくなるような設計を目指していけばよい</u>わけです.あれも,これも見る必要はありません.SN比を向上させればよいのです.

品質工学では機能の入力のことを「**信号**（Signal）」ともいいます.有効成分というのは,信号（Signal）に対して出力が期待どおり応答した成分です.

2.1 機能性評価とは

有害成分はいうまでもなく「**ノイズ因子**（Noise Factor）」による影響の成分です．このSignalとNoiseの頭文字をとって，SN比というわけですね．

オーディオが好きな方なら，SN比はなじみのある言葉でしょう．オーディオのSN比は，音声信号（音楽などの聞きたい成分）とノイズ（雑音などの聞きたくない成分）の比で，上記の機能性評価のSN比と同じことです．増えるとうれしいものと，増えるとうれしくないものの比です．

演習2.1.3

以下の二つの音源ではどちらが音質（SN比）がよいでしょうか．

音源A： 音声の成分は100，雑音の成分は10
音源B： 音声の成分は50，雑音の成分は1

2.2 なぜ評価時間が飛躍的に短くなるのか？ ～相対比較と条件の複雑性～

　機能性評価の大まかな目的や流れを説明しましたが，理系の技術者としてやはり気になるのは，「なぜ機能性評価を行えば，そんなに短時間で評価ができるのか？　どういう理屈でそんなうまい話が可能になるのか？」というメカニズムの部分であると思います．つまり，理屈で納得させないと技術者は動かないことを，筆者も当事者としてよく分かります（笑）．ここの「なぜ」の部分を筆者なりに考え抜いて整理しましたので，まずその結論を以下に示しましょう．

① **相対比較**であること．
② **連続的なアナログの特性値**（物理量）を計測して，その**変化量**で評価，比較すること．
③ **積極的にいじめる**ことで，②の変化をさらに速くすること．

　まず機能性評価とは，品質の相対比較であるということが挙げられます（**図表2.2.1**）．では何と何を比較するかです．これは目的によってさまざまですが，代表的なものとして，

①実績のある従来品と今回の開発品とを比較して従来品よりも悪くなっていないかを評価
②競合の他社品と，当社品とを比較して勝っているのか，負けているのか，弱いところはどこなのかを評価
③設計検討時に，アイデアや方式などの複数の候補を比較して，より良い設計を選びとる改善のための評価

の三つが考えられます．いずれも，**比較対象**を適切に選んでおくことで[18]，設

18　世界初で，まったくの新機能の場合は比較対象がない場合はどうでしょう．その場合は，競争する相手がいなくて市場を独占できるわけですので，品質の良し悪しは売れ行きにはあまり関係はありません．メーカ側がこれでよいと思う品質や安全性のレベルを確保して製品をリリースすればよいのです．

2.2 なぜ評価時間が飛躍的に短くなるのか？ 〜相対比較と条件の複雑性〜

計・開発のほとんどの仕事は「相対比較」で進められることが分かります．スペック（寿命や故障率の目標値など）に適合しているかどうかは，最終的な試験や検査で見ておく必要はありますが，「良いものを早く・速く作る」という観点では，相対比較を積極的に取り入れて，評価の短縮を狙うとよいのです．どちらが良いのかが分かればよいのですから，信頼性試験や耐久試験での長時間の寿命判定を行う必要がありません．寿命は絶対値が必要ですが，機能性評価は，相対比較と割り切ることで，短時間化が可能となるのです．

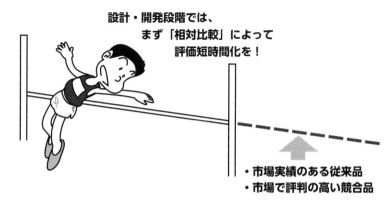

図表2.2.1 評価は相対比較で

つぎに，機能性評価では連続的なアナログの特性値（物理量）を計測して，その変化量で評価，比較するということが挙げられます（**図表2.2.2**）．従来の試験方法では，対象を稼働・劣化させてみて，規定の試験時間まで正常に動作したか，しなかったかの判定を行うことが多いでしょう[19]．つまり従来の方法では，よほど早く壊れるような悪い設計でない限り，規定の時間数（数千時間になることも多い）まで結果は判明しないのです．そこで，評価対象の働きを代表するような何らかの連続的なアナログの特性値を選んで，製品が稼働・劣化するにしたがってこの特性値が低下していく様子を観察します．その低下の

---

19 そのような目的の試験もありますので，一概に悪いということではありません．設計・開発段階での品質（製品使用段階での実力）の見える化やその改善には効率が悪いということです．

大きさ(変化量)が大きいほど，速く故障や不具合に近づいていると考えることができるわけです．**この変化量を対象間で相対比較することで，寿命試験の規定時間まで待つことなく，どちらがより良い設計になっているのかが分かる**のです．さらに短時間化からは少しそれますが，特性値を連続的なアナログ値にすることで，故障率判定で必要だった数多くの試作を行う必要もなくなります[20]．試作数が減るということは，これも設計・開発の効率化につながるわけです．

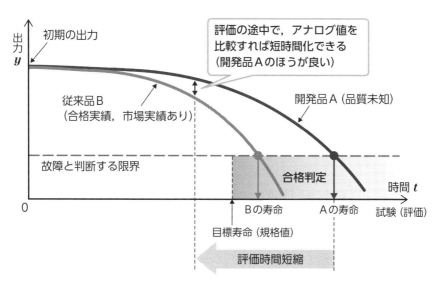

図表2.2.2 アナログの計測値で比較しよう

特性値をアナログにすることによる評価の短時間化はこれまでにも行われてきたでしょう．しかし，この方法だけではせいぜい従来試験時間の1/2～数分の1程度の短縮にしかなりません．そこで機能性評価では，さらに特性値の変化をより「速く」させるための独自の工夫を行います．それは対象を積極的に

---

20 個体ばらつきは考えなくてもよいのでしょうか．個体ばらつき，製造ばらつきのような，既知で管理できる小さいばらつきよりももっと大きな，未知で管理できない使用段階でのばらつきをノイズ因子として極端に与えるため，同じ条件を多数のサンプルで見る必要はありません．

2.2 なぜ評価時間が飛躍的に短くなるのか？ ～相対比較と条件の複雑性～

いじめるということです（**図表2.2.3**）．非常に重要な点は，**ここでの積極的ないじめ方というのは，従来信頼性試験で行っていた「加速（試験）」とはまったく異なる考え方**だということです．加速試験では，ある一つの故障モード（壊れ方）を想定して，その故障モードの物理現象（化学反応や亀裂の進展など）が速く進むように，環境温度，荷重や変位，電圧などを増大させて試験を行う方法です．これにより前述の信頼性試験では，市場では10年相当の負荷を数千時間の試験時間で模擬しているのです（ただし繰り返しになりますが，ある故障モードについてのみです）．

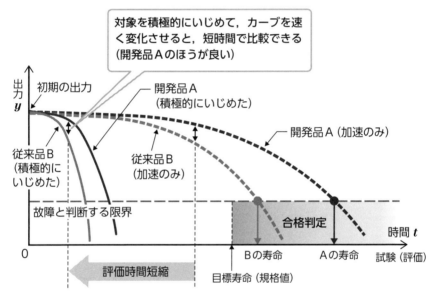

図表2.2.3　積極的にいじめて比較しよう

機能性評価の「積極的にいじめる」方法ではさらに，時間軸だけだった評価を，もっと多くの軸で複合的な総合評価するということです．使用段階で発生するような，さまざまな環境条件，使用条件を組み合わせて，複雑にすることで，実際に使用段階で起こり得る，短時間での故障や機能低下を評価実験の中で模擬させようというのです．

従来，温度加速（たとえば実使用時の温度が30℃に対して，試験は80℃で行う）だけでは故障発生，寿命判定まで数千時間かかっていたのが，温度（高温，低温，ヒートサイクル）・湿度・振動・過電圧・腐食ガス…等の複合的な環境では，非常に短時間で故障するかもしれないのです．いや，相対比較や連続的な特性値の考え方も組み合わせれば，故障まで試験する必要もないのです．これらの機能性評価における短時間化の三つのメカニズムを活用することで，評価時間が従来（信頼性試験など）の数10分の1〜数100分の1に短時間化した事例が多数あります．そのような事例を次節以降で見ていきましょう．

　以上の短時間化のメカニズムを見て分かるように，どんな特性値を相対比較すれば，その対象（製品）の良さ，悪さが表せるのか，どのようにいじめればより効率的に短時間で使用段階に近い評価ができるのか，が非常に重要なポイントとなってきます．これらは，**2.1節**で説明したように，「機能」として何を定義し，計測するのか，「ノイズ因子」として何を取り上げるのかが重要であるということです．この点は何度繰り返しても強調しすぎるということはありません．そのための考え方を**第3章**でしっかりと説明します．

2.3 事例①：ギヤードモータ…製品開発における評価時間が1/10以下に [2-1][2-2]

2.3.1 概要

　ギヤードモータ（図表2.3.1）は，モータと減速機（ギヤ）を組み合わせた製品で，立体駐車場の巻き上げ，ホイスト，ベルトコンベア等の低速・高トルクの出力を得るための用途に使用されているものです．特にモータ軸が直交した直交ギヤを使用したモータはコンパクトに装置を構築できるため，近年需要が拡大しています．しかし，従来用いられてきた直交ギヤ（ハイポイドギヤ：図表2.3.2）では品質問題による工程内の手直しが必要で，生産性が低いという問題点がありました．そこで品質工学（機能性評価，パラメータ設計）を適用することで，品質を開発源流で確保し，かつ同等以上の性能をもつ直交ギヤ「スーパーヘリクロスギヤ」を開発しました（図表2.3.3）．

　設計の評価方法として，「機械的なエネルギーの伝達」の機能（モータ駆動入力側のギヤエネルギー→動力出力側のギヤエネルギーの変換）[21]に着目し，ギヤの働きそのものを評価しました．さらに，ギヤの劣化促進により，従来の寿命試験で3000時間以上要していた評価時間を300時間まで短縮することができたのです．

　本評価方法を用いたパラメータ設計により，高品質な「スーパーヘリクロスギヤ」を設計し，その後フルモデルでの評価試験を実施しました．その結果，騒音値，寿命，伝達効率等の品質が，従来使用していたハイポイドギヤと比べても同等以上の良好な値であることを確認し，2006年2月に発売を開始しました．発売以来，市場で順調に稼動し好評を得ています．

21　本事例は機械エネルギー（トルク×回転数）の伝達ではなく，トルクの伝達機能で評価しました．

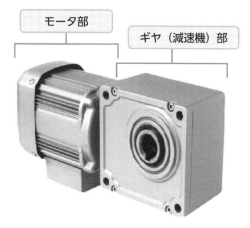

図表2.3.1 ギヤードモータ（出典：文献[2-1] 図1）

図表2.3.2 ハイポイドギヤ(従来品)
（出典：文献[2-1] 図2）

図表2.3.3 スーパーヘリクロスギア(開発品)
（出典：文献[2-1] 図3）

2.3.2 品質工学の適用(機能性評価，パラメータ設計)

　スーパーヘリクロスギヤは，従来知られているウォームギヤを原型としながらも，新設計の直交ギヤです．そのため，製品化を検討する上で，新規開発の直交ギヤが特に性能・信頼性面で実用に十分耐え得るかを，見落としなく早期に判断することが必要でした．直交ギヤは3次元形状で複雑な噛み合いをしますので，点接触に近い歯面圧力や摩耗状態の挙動や，潤滑剤の流動の状態等に

2.3 事例①:ギヤードモータ…製品開発における評価時間が1/10以下に

関して,現象を理論だけで十分説明するのは困難だったのです.そのためシミュレーションによる歯面解析だけでは十分に品質が作り込めず,実物での品質設計の評価が不可欠でした.そこで実物評価の短時間化を行い,見落としなく最適な設計を実現するために品質工学を活用したのです.ここではそのうち機能性評価の部分を中心に説明します.

機能性評価では,対象となる製品(ギヤードモータのギヤ)の働きを入力と出力の関係で定義します.そして極端な「意地悪条件」(ノイズ因子)を取り上げ,積極的に評価に採り入れることで,対象(ギヤ)の働きがどのくらい意地悪な条件の影響を受けにくいか(安定性)の評価を行います.さらに,パラメータ設計では,設計条件間の安定性の相対評価を網羅的に行うことよって,より安定性の高い設計を確保します.このように,固有技術の蓄積に加えて,機能の定義と,ノイズ因子条件の設定が品質工学をうまく用いるためのポイントとなるのです.

2.3.3 設計評価モデルとギヤの機能の定義

従来の方法による品質の作り込みでは,フルモデル(モータと多段のギヤからなる減速機)の実機試作を行い,長時間の寿命試験や,騒音・効率などの多くの品質スペックの検査を行う「問題点抽出→修正」の繰り返しを行っていました.しかしこの方法では,長い期間と大きな試作費用がかかることが予想されました.そこで本開発では,品質スペックである寿命や騒音ではなく,ギヤの働きである「機械的なエネルギー伝達」の機能(モータ駆動入力側の1次側ギヤエネルギー→動力出力側の2次側ギヤエネルギーの変換)に着目し,その働きの良さつまり安定性を評価し,さまざまな品質スペックの代表特性と考えることとしたのです(**図表2.3.4**).ノイズ因子を与えた条件下で,1次ギヤから2次ギヤへのトルク伝達がスムーズで無駄なエネルギーロスもなければ,摩耗が少なく長寿命で,ガタに起因する騒音も少ないと考えたのです.

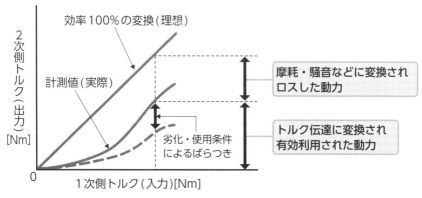

図表2.3.4 ギヤの機能表現（機械的動力の伝達）（出典：文献[2-1] 図4）

また新規設計である直交ギヤの働きだけを直接評価するため，直交一段変速用の汎用ギヤケースを設計製作しました．これは，ギヤ形状の設計条件によらず，共通にエネルギー伝達機能が評価できるものです．これにより，フルモデルのギヤードモータの個別設計を何通りも行うことが不要となり，実験規模のさらなる省スケール化を図ることができました（**図表2.3.5**）．

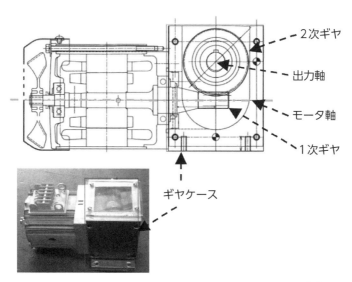

図表2.3.5 直交一段変速用汎用ギヤケース（出典：文献[2-1] 図5）

2.3.4 ノイズ因子の設定

ギヤの機械的なエネルギー伝達（ここではトルク伝達）という働きは，お客様の使用条件である回転速度やギヤの摩耗劣化，またグリース（潤滑剤）の性状変化によって極力変化しないことが望ましいのです．そこで図表2.3.6，図表2.3.7のようなノイズ因子を設定し，これらの組み合わせである極端な4条件（新品－低速，新品－高速，劣化－低速，劣化－高速）でのトルク伝達特性の差異を評価しました．設計条件（ギヤ形状など）の異なるギヤの安定性の差を相対比較することで評価時間の短縮はある程度可能です．しかし本開発ではさらに，ギヤの劣化を促進させる工夫（運転条件120%負荷での劣化，グリースの組成調整による潤滑性低下）をあわせて行うことで，安定性の差を見極められる時間を300時間まで短縮することができたのです．これにより設計の評価時間が従来の寿命試験（3000時間以上）の1/10以下になりました．

図表2.3.6 ノイズ因子の設定（出典：文献[2-1] 表1）

因子名	設定値1	設定値2
歯車摩耗・グリース劣化	P_1：新品（1hr運転）	P_2：劣化（300hr運転）
回転速度	Q_1：低速（600rpm）	Q_2：高速（1800rpm）

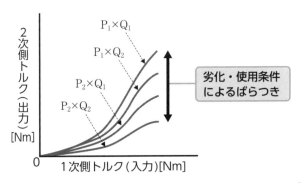

図表2.3.7 トルク伝達機能の安定性評価イメージ（出典：文献[2-1] 図6）

2.3.5 パラメータ設計と製品での確認

　以上のように，短時間でギヤの安定性を評価できるようにしたことで，さまざまなギヤ形状の設計を短期間で比較することができたのがここでのポイントです．本開発では直交表（設計条件を網羅的に組み合わせるための条件指示表）を用いたパラメータ設計によって，最もノイズ因子に対して安定なギヤを設計しました（詳細は参考文献を見てください）．これによって，最終的には，従来使用していたハイポイドギヤと比べて伝達効率が良く，騒音，ガタツキの小さい良好な品質を確保できることを確認しました．比較の一例として，ガタツキの指標である回転伝達誤差を示します（**図表2.3.8**）．また，新しいギヤでは噛み合わせが安定しているため，製造工程での騒音等の品質問題に対する手直しが皆無となり，生産性を向上させることもできたのです．

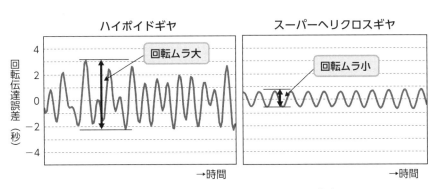

図表2.3.8　回転伝達誤差の比較（出典：文献[2-1] 図7）

　このように，ギヤの本質的な働きである「機械的エネルギーの伝達機能（トルク伝達機能）」を，お客様の使用条件のもとで評価することで，非常に品質の良い設計を短期間で確立できたのです．従来長時間の寿命試験を行い，さまざまな品質スペックを追いかけて，もぐらたたきをしていたのとは大きな違いです．

2.3 事例①：ギヤードモータ…製品開発における評価時間が1/10以下に

column

もっと工夫できた機能とノイズ因子 ～今ならこうする～

2.3節の開発事例は，従来の寿命試験3000時間以上を，機能性評価によって300時間に短縮したものでした．しかし現在の時点でこの事例を見直しますと，さらに改善の余地もあるのです．まず機能については，**第3章で述べますように，エネルギー変換で定義したほうが**素直でした（当時はまだ，機能の考え方を体系化できていなかったのです）．つまり，機械的なエネルギーが1次側ギヤから2次側ギヤにスムーズにロスなく伝達できるのが理想と考えるのです．機械的なエネルギーは，トルクと回転数の積で表されますので，1次側から2次側へのエネルギー伝達（傾きが効率になります）を，トルクや回転数を変えて評価するのです[22]．

さらに，先の開発ではトルクを，運転が十分安定した定常状態で評価していました．しかし定常状態ではなく，**急激に入力を変動させたときの出力の応答（過渡状態）を評価**したほうが，出力の変動が大きく，安定性の差を評価するためには都合がよいのです．過渡状態の評価については**3.2.5項**で説明します．

ノイズ因子についても，さらなる検討の余地があると考えます．新品と劣化状態の違いをノイズ因子にとりましたが，それでも300時間（約2週間）もの運転が必要なのです．従来の1/10の評価時間とはいえ，結果が分かるまで300時間かかるのは，やはり長いと感じます．ギヤの伝達性能の低下は，ギヤの摩耗によるギヤ形状変化や，歯車の

---

[22] 先の事例では，トルク伝達機能に対して，ノイズ因子に回転数をとっているので結果的にエネルギー変換（トルク×回転数の伝達）で評価したのと同じことになります．先の事例の結果が間違っているということはありませんので安心してください．

噛み合い箇所の位置ずれによるものと考えると，**時間をかけて摩耗させなくとも，少し形状の異なる（摩耗相当分だけ減肉させた）ギヤを作製して，軸の位置ずれも故意に与えて**，標準状態（標準ギヤ形状［摩耗なし］，標準軸位置［位置ずれなし］）との差を評価することが考えられます[23]．この場合は，なんと劣化のための運転は０時間（不要）となります．ただしこのような評価を実現するためには，どのようにギヤ形状を変化させ，位置ずれさせるかなどの知見が必要と考えられますし，形状や位置以外にも噛み合い部の摩擦係数が実際にどう変化しているのか，といった検討は必要かもしれません．それでも，このような技術を確立しておけば，ギヤの設計変更や新規設計のときの評価の効率を，飛躍的に向上させることができます．

　田口玄一先生が関西品質工学研究会に指導に来られたときに，「機能性評価は１時間以内で行うべきだ」と仰っていました．評価の効率化には終わりはありませんね．

23　このように，製品の内部の変化（寸法，位置，あるいは物性値など）のノイズ因子を「内乱」とよびます．詳細は第３章のノイズ因子②で説明します．

2.4 事例②:LED(購入部品)…ノイズ因子の工夫で寿命を序列化 [2-3]

2.4.1 従来の常温連続点灯試験

つぎに,製品製造に必要な購入部品の評価を短時間化した事例を見てみましょう.2.2節でなぜ評価時間が飛躍的に短くなるのかの理由を見てきましたが,アナログの連続量で比較した**図表2.2.2**で疑問に思ったことはないでしょうか.「確かに,図のように劣化のカーブが時間によって入れ替わらなければ,早い時間帯でも優劣は判断できるだろう.しかし,場合によっては**寿命がくるまでは寿命が長いほうが早く劣化するような,逆転現象が起こるならば,評価途中での比較はできない**のではないか」と.

本事例の購入部品LED(Light Emitting Diode)パッケージ(以下,単にLED)では,従来10000時間以上の常温連続点灯試験を行っており,上記の疑問のように輝度が入れ替わるデータが得られていたのです.ですので,連続点灯試験のまま評価時間の途中で判断することはできません(**図表2.4.1**).

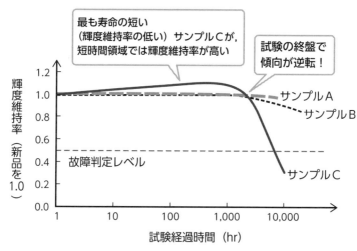

図表2.4.1 LEDの連続点灯試験(出典:文献 [2-3] 図5,一部筆者加筆)

2.4.2 機能性評価の計画

この結果からは,サンプルCが最も品質レベルが低く,次いでサンプルB,サンプルAの順で品質が良くなっています.機能性評価では,このような序列が再現するように,単純に常温で点灯させる以上の,意地悪な条件を積極的に与える必要があります.それも,お客様が実際に使用するであろう使用条件,環境条件をよく考えて,です.

まず本事例における機能表現を考えましょう.**図表2.4.1**のような輝度維持率よりもう一歩踏み込んで,入力と出力の関係で考えるのです.出力はお客様がLEDから取り出したいと思うものです.明るさが欲しいので,ここでは輝度や光量でよいでしょう.LEDの場合,単に明るさが得られるだけではだめで,その光の「色調」が重要です.評価したLEDは白色光を出力するもので,その色調が変化してほしくないのです.実はこの評価では色調についても評価しているのですが,詳しくは参考文献をあたってください.ここでは出力は明るさに関係する量に限ることにしましょう.さて,LEDの明るさを変化させるためのLEDへの入力は何でしょうか.これは**2.1節**の照明の例と同じで,電力(電気エネルギー)に関係する量をとります.この評価例では印加電圧を一定として,電流を変化させています.機能の表現としては,入力が電流(mA),出力が輝度(nit)となりました(**図表2.4.2**).

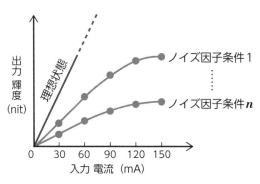

図表2.4.2 LEDの機能表現

2.4 事例②：LED（購入部品）…ノイズ因子の工夫で寿命を序列化

つぎにノイズ因子を考えていきます．これをうまく抽出して，組み合わせることにより，短時間でかつ本来の品質の順序が分かるような評価にしていきます．この事例では，LEDの輝度低下要因をパッケージの構造（図表2.4.3）から考えて，以下のようなノイズ因子を検討しました[24]．

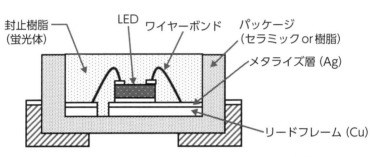

図表2.4.3 LEDパッケージの構造（出典：文献[2-3] 図1）

(1) 光

パッケージの内部の樹脂を劣化させる要因として光の照射がある．LEDの定格電流値の3倍を通電してLEDを発光させることで，これを光ストレスとして用いました．

(2) 熱・水分

高温高湿試験と，PCT（Pressure Cooker Test）の2種類を実施しました．前者の試験は配線やメタライズの腐食，後者はそれに加えてパッケージ内部への水の浸透と，化学反応の加速を想定しました．

(3) ヒートサイクル

-40℃/85℃の温度範囲とし，非通電の条件でヒートサイクルを印加しまし

---

[24] ノイズ因子の設定においては，お客様の使用条件や環境条件から考える方法が主流です．しかし本事例のように，劣化や故障の形態を考えて，それを発生させるような使用条件，環境条件を考えるという方法もあり得ます．前者の場合はまったく想定もしていなかった条件での品質の把握が主な目的になりますし，後者の場合は信頼性工学的なメカニズムに基づいて品質を検証していこうという目的になります．品質工学では「メカニズムを考えるな」として，前者を勧めますが，まったく想定もしていない条件の前に，メカニズムから想定できる条件での設計の実力値を見える化することも設計・開発現場の品質評価として重要と考えます．

た．パッケージ内の構成部材同士の界面での応力発生によって，界面剥離や割れなどを発生させると考えました．

(4) 硫化ガス

メタライズの銀の硫化の影響を考えました．黒い硫化銀が光を吸収することで効率が低下することを想定しています．

以上の機能表現とノイズ因子の検討結果をまとめたのが，**図表2.4.4**の**P-diagram**です．3.1節で詳しく紹介しますが，この図の中にはシステムの名称，機能（入力，出力），信号因子（機能の入力条件），ノイズ因子，制御因子がまとめられています．これを作成しておくと，評価の考え方の検討や確認がしやすいですね．

制御因子は通常は設計パラメータですが，ここではサンプルA，B，CのどのLEDが良いのかの比較（設計値としていずれか一つを選択できる）という意味で，制御因子に表記しています．一般的には機能性評価の場合の制御因子とは，このような比較対象を指します．

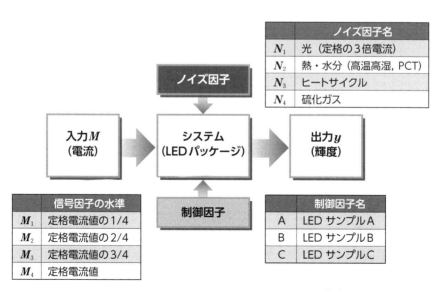

図表2.4.4 LED評価のP-diagram（出典：文献[2-3] 図4）

2.4 事例②：LED（購入部品）…ノイズ因子の工夫で寿命を序列化

　ノイズ因子の種類と水準（対象をいじめる厳しさ）が決まったとして，これらをどのように「複合的に」印加するのかを考える必要があります．上記四つのノイズ因子を同時に与えるのは装置の構成が複雑になり現実的ではありませんので，この検討では同一サンプルにノイズ因子を順次印加していき，1種類のノイズを印加し終わるごとに，機能の入出力の特性を計測しました．すなわち，LEDパッケージA，B，Cそれぞれ3個ずつに対して，ノイズ因子(1)→(2)→(3)→(4)の順で印加して，各ノイズ因子の印加前後で，電流 – 輝度特性を計測しました．すべての**ノイズの印加に要する時間は全体で1000時間でしたので，従来の連続点灯試験（10000時間以上）と比べて1/10の短時間化**ということです．

2.4.3 評価結果

　ここでは一例としてサンプルB（$n=3$）の電流 – 輝度特性（初期および全ノイズ因子印加後）を示します（**図表2.4.5**）．

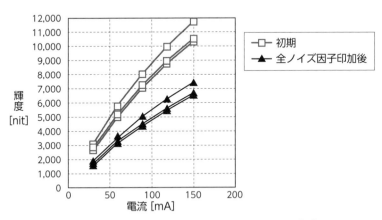

図表2.4.5　電流-輝度特性の評価例（出典：文献[2-3]図7）

　初期に比べて全ノイズ因子印加後では，電流に対する輝度の出力量に低下が観測されます．ノイズ因子の影響で，初期と全ノイズ因子印加後できちんと差

が出たわけです．ここでLEDの個体ばらつきも把握するために三つのサンプルを用いていますが，**図表2.4.5**のように，個体ばらつき以上にノイズ因子の影響が出ているのが，良い評価実験なのです．**個体ばらつきのような偶然のばらつきよりも，積極的に与えたノイズ因子による影響が重要**というわけです．

さて，このように電流-輝度特性が求まれば，機能の安定性の尺度であるSN比が計算できます．ここでは詳細の計算過程は省略して結果を見てみましょう．SN比は標準SN比といわれる指標を使っています[25]．SN比の種類や計算方法については，**3.4節**で見ることにしましょう．

サンプルA，B，CのSN比の比較結果を**図表2.4.6**に示します．SN比が大きいほど，LEDの機能の安定性が高いということです．

図表2.4.6　サンプル間のSN比の比較結果

サンプル	標準SN比（db）
A	37.9
B	28.2
C	23.1

SN比の順番は，A（37.9db）＞B（28.2db）＞C（23.1db）となりました．これは，**図表2.4.1**で示した連続点灯試験の10000時間後の結果（品質レベルの序列）と同じです．連続点灯試験の途中時間では分からなかった品質レベルの差が，機能定義とノイズ因子を用いた機能性評価では，連続点灯試験の1/10の時間でできたということです．

このように，機能性評価を使えば購入部品の評価も非常に短時間化できることが分かります．

25　この事例が掲載された論文では，従来から用いられている田口玄一氏の標準SN比を用いています．標準SN比は非線形の成分は悪さとは考えずに，ノイズ因子の影響のみ評価します．LEDのような光源は電流－輝度が線形にならず，また線形でなくても輝度は調整可能であるため，非線形は悪さとは考えなかったのです．取り上げたノイズ因子の影響のみを評価できる標準SN比を用いたというわけです．

2章のまとめ

- [ ] 機能性評価の手順は以下のとおり．

(1)「機能」を定義．「機能」は入力と出力の関数関係で表現する．

(2)「機能」の入出力関係がばらつくような，製品使用段階での要因＝「ばらつき要因」を多数抽出する．

(3)「ばらつき要因」のなかから重要な要因として「ノイズ因子」を選択して，その条件を組み合わせる．

(4) 組み合わせた「ノイズ因子」のもとで，対象の機能がどれくらい変動するのか，ばらつくのかを観察して定量化する．変動が大きければ，製品使用段階での実力が弱いということ．

(5) 必要に応じて，どのノイズ因子に対して特に弱いのかを分析する．

(6) ノイズ因子に対する弱みの対策を講じて，設計を改善する．

- [ ]「機能」とは，製品やサービスが具現化する前のユーザの願望やニーズ．電球なら「周りを明るく照らす」のが機能．機能性評価（品質工学）ではこれを「入力と出力の関係」を考える．

- [ ] 機能の入出力の関係を理想状態に近づけて，ばらつきや変動も小さくするような設計にすることが，ユーザのニーズを満たすことにつながる．

- [ ] さまざまな使用条件や使用環境のことを，機能をばらつかせる要因という意味で「ばらつき要因」という．そのなかから，重要なものを選んでそれらを機能性評価の条件に組み入れるものを「ノイズ因子」という．

- [ ] 機能性評価では一貫してお客様の立場で評価を行っている．お客様が欲しいと思う出力と，お客様が出力をコントロール可能な入力との組み合わせで，機能とその理想状態を考える．またお客様の使用条件，使用環境といったノイズ因子でその機能がどの程度安定しているのかを評価する．

- [ ] SN比とは機能の安定性を測る尺度（ものさし）．間違った機能，不十分なノイズ因子では当然のことながら，計算されるSN比は妥当なものとはならない．

第3章

機能性評価の計画のポイント
～3種の神器はこう使おう～

3.1 P-diagramは機能性評価の準備（計画）

第2章で機能性評価の概要と事例を見てきました．この章ではみなさんが具体的な実務の場で機能性評価を実践するために必要な，機能性評価の計画と実施方法について詳しく見ていきます．

機能性評価の計画は，最終的には**P-diagram**という図の形に表現します．2.4節の事例でも出てきたものです．まずP-diagramの構成内容を確認していきましょう．**図表3.1.1**は電球を例にとって作成したものです．

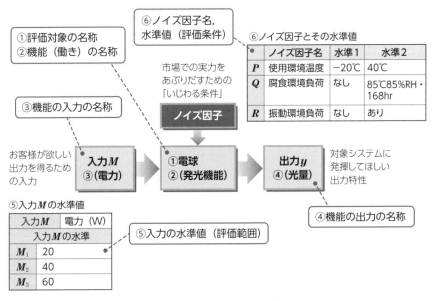

図表3.1.1 P-diagramの構成

まず中心のボックスには，①**評価対象の名称**を書きます．ここでは「電球」です．あわせて，②**機能名称**を書きます．電球の機能は「発光」ですね．これは次の入出力を考えてから決めても結構です．機能は③**入力**と④**出力**からなります．電球の場合は，③入力は「電力」で，④出力は「光量」や「輝度」など

68

です．機能の入出力の決め方については**3.2節**で詳しく説明します．入力の名称（種類）が決まればつぎはその⑤**入力の水準値**（どの範囲で振るのか）を記載します．たとえば，20W，40W，60Wの3条件という具合です．入力のことを**信号因子**ともいいます．ここで信号因子について少し補足します．信号因子は3水準以上とるようにしましょう．これは2水準では関数形が直線なのか曲線なのかが分からないからです．信号因子の水準については計測に手間やコストがかからなければ（連続的に電圧を変化させるだけ等），多水準にしても構いません．機能の情報については以上です．

つぎに，**ノイズ因子**です．右上の表にノイズ因子の種類とその水準値を記載します．ここでは結論のみ記載されていますが，どのようにしてそのノイズ因子に決めたのかも重要ですので，ノイズ因子決定までの過程が分かる資料を添付することが多いです．具体的には**3.3節**で**特性要因図（フィッシュボーン）**を紹介します．この例では，ノイズ因子として，使用環境温度，腐食環境負荷，振動環境負荷の三つを取り上げています．それぞれのノイズ因子の評価条件（ノイズを与える厳しさ）を水準値として記載します．たとえば，使用温度では低温側で−20℃，高温側で40℃という条件です．ノイズ因子の種類の決め方，水準値の決め方，ノイズ因子の組み合わせ条件の作り方などは**3.2節**で詳しく説明します．ノイズ因子の情報については以上です．

機能性評価の計画の場合，以上がP-diagramに記載される情報です．パラメータ設計を行う場合は，これに制御因子（機能の安定性を改善するために水準値を変更してみる設計パラメータ）の表が**図表3.1.1**の右下につきますが，ここでは割愛します．

このようにP-diagramをまとめておくと，機能性評価の計画を第三者が確認しやすくなります．P-diagramの活用については**3.5節**で説明します．では，さっそく機能定義の考え方から具体的に見ていきましょう．

3.2 機能定義

2.1節の機能性評価の手順で,「(1) 対象(製品,部品(サブシステム))の働きである「**機能**」を定義します.「機能」は入力と出力の関数関係で表現するのが基本」と説明しました.つまり,機能定義は機能性評価の具体的計画の最初の部分であり,最も重要な部分の一つです.2.1.1項でやや詳しく機能というものについて説明しましたが,今一度ここまでの話をまとめておきましょう.

・機能性評価では「何を測るか(評価するか)」が重要.
・機能とは製品やサービスが具現化する前のユーザの願望やニーズを示すものである.
・機能性評価における機能は,その出力がユーザの願望やニーズであり,その出力を引き出すための入力がある.つまり,「入力と出力の関係」である.
・「入力と出力の関係」の理想状態を考え,定義する.電球のようなエネルギー変換の場合は,ゼロ点を通り,傾き1(効率100%)の比例直線が理想となる.
・機能を理想状態に近づけることで,ユーザのニーズを満たすことにつながる.

これまで演習を通して,いくつかの機能を考えていただいたかと思いますが,意外と入出力や理想状態を考えるのが難しかったかもしれません.また,そもそもなぜ機能を考えて評価しないといけないのか,という疑問もあることでしょう.

そこで,まず3.2.1項では機能を評価・改善することで品質の根本解決になるという話をします.従来評価してきたような品質特性(モータなら回転数-

効率特性，最大トルク，振動，騒音，発熱など）を個々に評価するのではなく，また発生した問題に個々に対応するのではなく，対象とする製品の機能の理想状態を定義して，そこに近づける考え方や，その優位性について見ていきます．

つぎに3.2.2項では，機能を評価するそれ以外のメリットについてお話ししていきます．具体的には，お客様が実際に使用する広い範囲の入力に対する評価が行えることや，評価時に変化が表れやすく，短時間で評価しやすいことや，パラメータ設計（改善）を行うときに成功しやすい，といったことです．

さらに，機能というものの考え方を知っておいて損はないのです．品質工学（機能性評価，パラメータ設計）以外にも，製品の企画段階で用いる**QFD**（Quality Function Deployment，品質機能展開）や，**VE**（Value Engineering，価値工学），設計のアイデア出しを行うための**TRIZ**（Theory of Inventive Problems Solvingのロシア語，発明的問題解決理論）など，いろんな方法論に共通するのが「機能」です（用語の定義や考え方に若干の違いはありますが）．

3.2.3項では，いよいよ機能定義におけるマル秘テクニックを紹介します．機能を定義するところが，品質工学（機能性評価，パラメータ設計）の最初の関門となりますが，たった二つのパターンに当てはめて考えてみるだけで驚くほどさまざまな対象の機能が定義できることを示します．これは品質工学を実践していく上で，とても役に立つ考え方ですのでぜひマスターしてください．

3.2.4項では，製品全体で考えていた機能を，分割する考え方を紹介します．製品全体でなく部分（サブシステムといいます）で評価することも多いことから，どの範囲を今回の評価範囲とすればよいかのサブシステムの選択方法，分割したものをまた統合して一つの製品としてまとめていく考え方を知っておくことは重要です．

3.2.5項では，機能定義ができたあとでの話になりますが，その機能をさらにうまく，効率的に評価するときの話です．機能の計測を定常状態（十分時間がたって安定してからの状態）で行うのではなく，過渡状態（変化の途中の状態）を計測することで，より評価が効率化される話をします．少し難しいですが，計測技術に長けた技術者，組織なら評価効率化のために一考の余地がある

情報です.

それでは，機能性評価における「機能」の考え方から始めましょう.

3.2.1 お客様が欲しい「働き」を改善して根本解決を

　機能を理想状態に近づけることで，ユーザのニーズを満たすことにつながることをお話ししてきましたが，これをさらに技術的に考えてみましょう．ここでは2.3節の事例でも説明した，直交ギヤ（歯車）の例で説明します．ここではトルクではなくエネルギーの単位で考えてみましょう．動力を入力する側の1次側ギヤと，動力を出力する側の2次側のギヤが直交軸で組み合わされたものでした（**図表2.3.3参照**）．

　この対象の場合の機能の表現を考えると，1次側ギヤの機械的エネルギーを，できるだけロスなく2次側ギヤの機械的エネルギーに変換することです．少し専門的になりますが，回転体の機械的エネルギーは，トルクと回転数の積で表されます．計測はトルクと回転数を別々に行いますが，ここではエネルギーとして計測されたとして**図表3.2.1.1**のように入出力を示します．

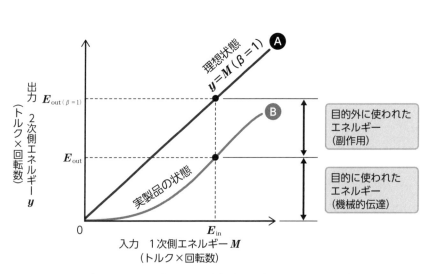

図表3.2.1.1 直交ギヤの機能表現（エネルギー変換）

理想状態は伝達効率が100％の場合ですので，グラフの傾き $\beta = 1$ で表される，ゼロ点（原点）を通る比例直線です（同図A）．

　しかし実際に設計・製作したギヤはどうでしょうか．もちろん効率は100％にはなりませんし，入出力の関係は線形にならないかもしれません（同図B）．これを標準状態，分かりやすくいえば新品で最も性能が出る状態の特性としましょう．

　グラフの縦軸は2次側ギヤの出力で，これに負荷（コンベアやチェーンなど）をつないでお客様は利用します．つまり「これだけの出力エネルギーが欲しい」として，それに必要な入力（1次側ギヤのエネルギー）を投入することになります．つまり図では E_{out} を得るために，曲線Bとの交点から求まる，入力 E_{in} が必要となります．

　今度は逆に入力側から見て，入力 E_{in} を投入すると理想的には入力と同じだけの出力 $E_{in} = E_{out(\beta=1)}$ が得られるはずです（もちろん，実際にはあり得ません）．理想的なら，$E_{out(\beta=1)}$ が得られるはずですが，実際のギヤでは，その一部の E_{out}（下半分）しか出力されません．エネルギーは消えてなくなるわけはありませんので（エネルギー保存の法則），残り上半分のエネルギー（$E_{out(\beta=1)}$ $- E_{out}$）は，2次側ギヤの出力である回転以外の「何か」に使われたことになります．この「何か」こそが，ギヤの目的である機械的伝達以外の目的外の仕事，つまり振動や騒音や摩耗や発熱などの副作用なのです．仮に100のエネルギーを入力しても，効率が70％なら70のエネルギーは目的の仕事である動力伝達に使用されて，残り30のエネルギーは目的以外の仕事である振動や騒音や摩耗や発熱などの副作用に使用されるわけです．つまり後者の副作用のエネルギーは，無駄遣いであり，公害のもとにもなるわけです．

　さてつぎに，技術開発が進んで，ギヤの効率（傾き）が向上して曲線B'のようになったとしましょう（**図表3.2.1.2**）．お客様が欲しいとする出力のエネルギーは E_{out} で先ほどと同じです．新しいギヤでは，必要とする入力エネルギーは E_{in}' となります．E_{in} と比べると，同じ動力を得るのに必要な入力エネ

ルギーが減っています．効率が向上しているので当然ですね．つぎに見てほしいのが副作用です．出力エネルギーは同じで，入力エネルギーが減ったことで，全体として目的外に使われる副作用のエネルギーは小さくなっています．

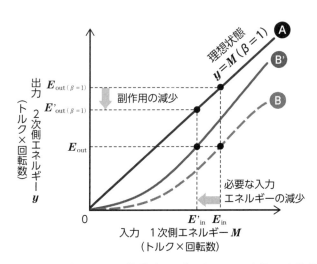

図表3.2.1.2 直交ギヤの機能表現（エネルギー変換，改善後）

このことは何を表しているでしょうか．ギヤの効率を上げることで，すなわちギヤの機能の理想状態に近づけることで，省エネになることはもちろん，騒音や発熱といった公害のもとになる**副作用がまとめて小さくなる**ということです．これまで，このような副作用（悪さ）のスペックを一つ一つ評価してはいなかったでしょうか．騒音は何デシベル以内，振動の大きさはいくら以内，摩耗は何千時間稼働でいくら以内，発熱による温度上昇は何度以内と規格値を決めて，OK，NGと判断していたかもしれません．しかし，**機能を定義してそれを理想状態に近づけることで，悪さを一つ一つ計測して改善するということをしなくてもよくなる**可能性が高いわけです．

これは単に計測項目が減るといった効率化に寄与するだけでなく，開発チームが一つの理想という方向性をもって，ベクトルを合わせて開発を進めていけるということを表しています．製品の開発では上記のようなたくさんのスペッ

クがあり，設計条件のとりあい（トレードオフ）になることがよくありますが，このように一つの方向性で，今正しい方向に向かっているのかどうかということが確認できることは，開発管理上，大きなメリットとなるわけです．

筆者がこの考え方を初めて知ったのは，日産自動車の上野憲造さんの著書[3-1]でです．また品質工学を学び始めて間もないときだったと記憶しますが，理想的な機能を追究することで，副作用の抑制と省エネの両方につながるという説明方法が非常に分かりやすく，新鮮に思えました．以降，社内の後進やセミナーの受講生の方々にもこの説明を行っています．上記著書の前半の「解説編」は，ほとんど数式もなく理解しやすい内容になっていますので，経営者や管理者の方にもおすすめしています．ぜひご一読いただきたいと思います．

さてこの項の最後に補足しておきます．事例では説明を簡単にするため，ギヤの傾き＝効率のみ大きくして説明しました．しかし実際にギヤを使用するときには，新品の標準状態だけでなく，劣化したときや使用条件が変わったときにも同じように出力されてほしいわけです．つまり，機能を定義して，改善すべきは傾き（効率）の向上とともに，変動やばらつきも改善される必要があるのです．傾きとばらつきの両方の評価が必要なのです．この定量化の方法については3.4節のSN比のところでお話しすることとしましょう．

3.2.2　機能で考えるとこんなにオイシイ

前項で，機能の理想状態を考えてそれに近づけるような技術開発を行うことで，省エネ性の改善や，さまざまな悪い副作用をまとめて低減できるというメリットをお話ししました．この項では，それ以外に機能で考えることによるメリットを紹介していきます．

(1) お客様の広い使用範囲で評価が可能

機能を定義すると，お客様が使用する入力の条件をいくつか変えて評価する

ことになりますので，広範囲な入力に対する評価が可能となります．例を挙げて説明します[3-2]．**図表3.2.2.1**は燃料ガス用流量制御バルブで，**図表3.2.2.2**はその機能をブロック図で示したものです．これは自動車用部品の一つで，上位の駆動演算部（指令を出すコンピュータ）からの電圧信号の大きさに応じて，流量制御用の電磁バルブの開き具合を変化させて，所望のガス流量を通気通路，エンジンに送るものです．

図表3.2.2.1 燃料ガス用流量制御バルブ
（出典：文献[3-2] 図1の一部）

図表3.2.2.2 流量制御バルブの機能ブロック図
（出典：文献[3-2] 図1の一部）

機能の表現をするとすれば，**図表3.2.2.3**のように，入力が信号電圧（最大電圧に対する割合），出力が流量（リットル／分）になります．この関係として線形がよいかどうかは，制御の考え方によりますが，さまざまな使用条件や使用環境によって，ばらついては困るわけです．すなわち，欲しい出力の流量が決まれば，いつも同じ大きさの入力電圧を与えればよい，というのが使いやすい制御バルブです．**図表3.2.2.3**のN_1条件，N_2条件はそれぞれ，使用条件を大きく振った2条件と考えてください（たとえば常温環境で新品を評価した場合と，高温環境で劣化品を評価した場合など）．

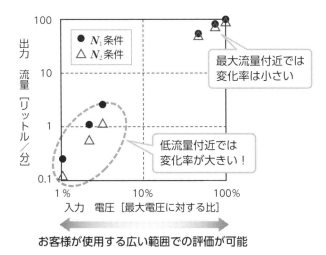

図表3.2.2.3 流量制御バルブの機能性評価
（出典：文献[3-2] 図4の一部，一部筆者加筆）

　機能性評価を行わない場合はこのような機能の定義を行わず，たとえば「最大流量（電圧が100%のとき）が○○リットル/分で，そのばらつきは±△△リットル/分」といった，試験条件を固定してスペックを与えられることが多いのです．実際，この部品は最大流量では必要な流量が確保できていましたし，ばらつきの範囲も合格していました．しかし，機能性評価を行うと，低流量の領域では，N_1条件とN_2条件の変化率が大きく（率が分かりやすいように，グラフの軸を対数にしています），お客様が使用するであろう低流量領域では制御が難しいという結果が出ました．このように，**お客様の使用条件である入力信号を変化させて，入出力の安定性を総合的に評価することができるのが，機能を定義して評価するメリット**といえます．この例のように，「低流量領域のばらつき（変化率）が大きいぞ」というように見える化できれば，それを設計にフィードバックすることで改善につなげることができます．実際，本バルブの開発でもそのようなフィードバックを行い，低流量領域でも安定なバルブを開発することができました．

(2) 変化が大きく・速く表れやすく，評価短時間化につながる

2.2節でも述べましたが，アナログな連続量である機能を計測することで，正常/異常や稼働/故障といった，0/1判定ではなく，定量的な差として変化を認識することができます．「故障」という現象によって差を確認するのには数千時間かかっていたことが，機能を計測することで短時間に見えるようになるということです．

また，信号の入力条件を変化させた場合に，普通は十分に計測値が落ち着いた「定常状態」でデータをとりますが，いくら連続量でもこれでは差が見えにくい場合があります（**図表3.2.2.4左**）．そこで，**3.2.5項**で説明するような機能の「過渡状態」を計測することで，非常に変化の大きいデータをとることができます．過渡状態というのは，信号の入力条件（電力）を急変させたときの出力（トルクと回転数）が安定するまでの状態です（**図表3.2.2.4右**）．この状態は非常に敏感で不安定です．<u>過渡状態の計測によって変化が現れやすいということは，これも比較対象間の差が速く（短時間）で現れる</u>ということにつながります．

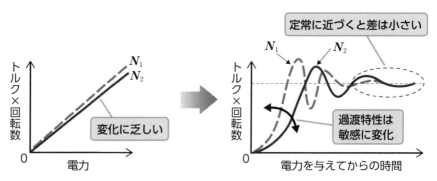

図表3.2.2.4 過渡状態の評価でより効率的に（モータの例）

(3) パラメータ設計を実施する上での土台として重要

機能性評価というのは，それに続くパラメータ設計への土台になっているのです．パラメータ設計というのは，機能性評価で行った機能の安定性の見える化に対して，その安定性を効率的に改善していこうという取組みです．設計を

改善するためにはそれなりにアイデアが必要です．パラメータ設計という手法を用いるだけでは改善はできません．そのような改善のために，設計者が意図的に変更してみる設計パラメータ，アイデアのことを「**制御因子**」といいます[26]．パラメータ設計では新しい設計を検討するために，複数の制御因子の条件を組み合わせて，機能性評価を行います．「**直交表**」という制御因子の組み合わせ条件を決める表を使って，普通は18種類の設計モデル（実物の場合もありますし，コンピュータのシミュレーションモデルの場合もあります）で，おのおの機能性評価を行うのです（図表3.2.2.5）．

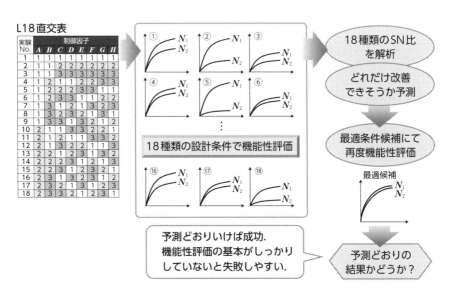

図表3.2.2.5　パラメータ設計の流れと機能性評価との関係

パラメータ設計の一部に機能性評価が入っているので，パラメータ設計を行う場合に機能の考え方が重要なのはいうまでもありません．18種類の機能性評価からどのように設計を改善していくかは，ほぼルーチンワークですので，

26　したがって，制御因子は多数ある設計パラメータの一部です．設計パラメータは図面上の寸法や材料や仕上げなどの指定で，複雑な図面になると数百，数千に及びます．制御因子はそのなかから，安定性の改善に役立つと考えて，設計を変更しようとして値を変化させるものです．パラメータ設計での制御因子は八つ程度取り上げることが多いですが，それ以上でも構いません．

3.2 機能定義

今回は類書[3-3][3-4][3-5]に譲ります．また巻末の付録をご参照ください．

　さらにここからは少し難しい話ですが，パラメータ設計には設計を改善するほかにもう一つ重要な役割があります．パラメータ設計を行うことによって，設計者の考えた設計が（つまり制御因子の取り方が）どれくらい正しかったかをチェックすることができます．ここで「考えた設計が正しい」とはどういうことでしょうか．みなさんも**実験してうまくいったはずなのに，もっと大きな試作や量産に入ってからうまくいかなかった**という経験はないでしょうか．設計・開発段階で行うパラメータ設計のモデルの試作は，普通は実験室やコンピュータの中のような，製品の生産ラインとは別のところで実施しますし，モデルも実製品を簡略化したものが多いと思います．いきなり実製品で実験するのはコストも時間もかかるからです（コンピュータシミュレーションでも規模が大きくなると時間やコストがかかるのは同様です）．実際の製品形状や環境とは異なる条件で行ったパラメータ設計の成果（安定性の向上）が，本当に量産段階の実製品でも成立するのか，その**「再現性」**が気になるところです．ここでの再現性は，同じことを繰り返したときの再現性ではなく，上流の実験室で得た結果に対しての，下流の実物・量産で得られる結果の再現性ということです．一般の再現性と区別するため，下流再現性ともいいます．

　パラメータ設計を実施すると，どれくらい設計者が考えた設計の成果が下流でも再現するかが分かります．ここでいいたいのは，そのような**下流再現性を確保できる設計の可能性を上げるためには，機能による評価や設計を行う必要がある**ということです．副作用（騒音や発熱など）のような品質特性を使って改善を行っても，下流再現性を得ることは難しいのです．副作用の出方はさまざまありますので，一つの副作用を改善しても，下流ではまた別の副作用が顔を現すかもしれません（まるで，もぐらたたきのようです！）．そうならないためにも，**3.2.1**項で説明した考え方に基づいて，機能の理想状態に近づけるという設計指針をもつことが重要です．このようにして改善した結果は，副作用をトータルで低減する設計になっているので，下流でもその結果が再現しや

すくなります[27]．説明が長くなりましたが，これが機能を考えるメリットの三つ目です．

3.2.3 機能定義のマル秘テクニック

　機能を考えて評価すること，改善することが重要であり，さまざまなメリットをもたらすことは理解できたかと思います．しかし実際に，自分の業務に当てはめて考えようとしてみると，まずつまずくのも，この機能をどう考えればよいのかという点なのです．公知の事例を見ても，機能定義ができずに品質特性になっていたり，機能定義がまずい事例では，品質工学（機能性評価）の恩恵である評価の効率化や，下流再現性の確保の点でうまくいっていないものも多いのです．そのためこの項では，どのように製品や部品（サブシステム）の機能を考えればよいのか，という実践的な方法を伝授いたします．「テクニックに走ってはいけない」，「技術者なら機能は分かるはずだ」という正論はありますが，機能がうまく定義できなければ，仕事が先に進まないことも事実です．また，この項の最後に説明しますが，この方法で紹介する二つの機能の分類は，パラメータ設計における安定化とチューニング（調整）の設計（あわせて2段階設計といいます）の考え方に対して，重要な視点を与えるのです．この分類を理解しておかないと損をしますので，読んで終わるだけではなく，トレーニングも繰り返し実施してください．

　機能の考え方は大きく二つのステップからなります．ステップ1は，機能表現の基本的な構成である公式を理解することです．これはどんな機能にも当てはまる基本的な原則です．ステップ2は，機能定義における二つの型（パターン）を示します．この二つの型を知ることで，対象製品，対象システムの機能を表現する能力は格段に向上するはずです．

---

[27] より詳細には，交互作用という考え方で説明すべきですが，難しい概念を使わずに説明を試みてみました．再現性に関してさらに興味のある方は，交互作用，確認実験，利得の推定，などのキーワードでさらに調べてみてください．「実践」ということを念頭に置けば，本文のような理解でも十分ですので，心配は無用です．

3.2 機能定義

(1) ステップ1：機能の基本公式

品質工学（機能性評価）における機能の表現は，以下の公式に当てはめて考えてください．

[①対象：　　　　　　　]の機能は，
　お客様が意図した[②入力：　　　　　　]に応じて，
　お客様が欲しい[③出力：　　　　　　]を得る．

大げさに前振りした割には，ありきたりの表現に見えるでしょうか．この短い公式の中に非常に重要なポイントが二つあります．

まず，③出力のところを見ましょう．出力なら何でもよいのではなく，「**お客様が欲しい出力**」です．対象となる製品やシステムにおいて，お客様はどんな出力が欲しいのかをまず考えます．メカニズムは関係ありません．照明器具の例では明るくするための光量や輝度が欲しいのでしたね．そのための手段はLED（半導体の作用）だろうが，白熱電球（フィラメントの加熱）だろうが，極端な話，ホタルを寄せ集めたものだろうが，目的（機能や安定性やコストなど）が達成できれば何でもよいのです．まず，どんな結果が欲しいかを考えてください．逆にいえば，副作用や欲しくないものを出力にしないということです．直交ギヤの例では，副作用の例として騒音や振動や摩耗量や発熱量などがありましたが，このようなものを出力にとらないということです．

つぎに，②入力です．お客様が欲しいと思っている出力を得るためには，お客様は何か行動を起こさなければなりません．車のハンドル（ステアリング）を回さなければ車は曲がりませんし，あらゆる電化製品は電力を供給しなければ所望の動作はしてくれません[28]．お客様はその対象に対して，お客様の意図

---

28 もっとも，エスカレータのように何もせずじっとしていても機能してくれるように見えるものもありますが，これとて乗客は昇降移動に時間を費やしています．これは「待つ」という受動的な行動ととらえることもできます．

を何らかの方法で入力，指示することで欲しい結果を得ていると考えることができます．そのような，**お客様の欲しい出力を変えられるような入力**を考えるというのが，②入力の部分です．お客様が製品に何かシグナルを送って，製品に何をすればよいのかを伝えるので，入力のことを「**信号**（Signal）」ともいうわけですね．

ここで一つ注意点．しつこいようですが，②**入力は，お客様が意図して変えられるもの**です．製品内部の材料定数（硬さや摩擦係数など）や，寸法などが変わっても出力に影響しますが，これは設計者が意図して変えるものか[29]，使用時に意図せずに変わってしまうもの[30]です．これは②入力としてはNGです．お客様が意図して変えられるものを考えてください．②入力は，③出力に比べるとやや難しいと思いますので，ステップ２の例でいくつか説明することにします．

①対象については，評価対象の製品やシステムや部品の名称を記載してください．

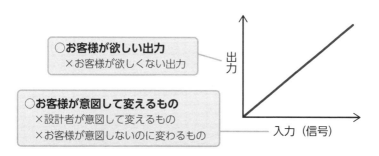

図表3.2.3.1　機能定義ステップ１

(2) ステップ２：機能表現の二つの型

機能表現の基本公式が分かったところでつぎに，機能表現の二つの型につい

29　これは制御因子または設計パラメータといいます．入力（信号）ではありません．
30　これはノイズ因子（誤差因子）またはばらつき要因といいます．入力（信号）ではありません．

3.2 機能定義

て説明します。機能のほとんどは以下のパターン1, 2のいずれか, あるいは両方で表現することができます.

> 【パターン1】
> 入出力の変換効率が重視されるような「**エネルギー変換機能**」
> 【パターン2】
> お客様の意図, 信号, 指令などに応じて, 結果をコントロールする「**制御的機能**」

初めて聞いた分類かと思います[31]（筆者が考えた[32]のですから当然なのですが）. このそれぞれについて詳しく解説していきましょう.

パターン1　エネルギー変換機能

ステップ1の基本公式のとおり, 機能には入力と出力がありますが, これらがエネルギーである場合[33], あるいはそれに比例するような仕事, トルク, 力のような物理量である場合です. この入出力の傾き β は変換効率を表し, 理想状態は $\beta = 1$ （入出力の次元（単位）が同じ場合）です. エネルギーの変換ですので, 入力が0の場合, 出力も0です. すなわち, **エネルギー変換機能の理想状態は,「ゼロ点（原点）を通り, 傾き1（変換効率100%）の比例直線」**ということになります.

例1

いくつか例を挙げましょう. モータはエネルギー変換機能で表すことのできる代表的なものです（**図表3.2.3.2**）. 機能は③出力から考えますので, 欲しい

---

[31] 品質工学では基本機能と目的機能という分類がありますが, これとは異なります. 品質工学における分類（特に基本機能）については本節の注（p.106）で述べます.
[32] 考え方をQES2010[3-2]で示し, このときは機能A, 機能Bといっていました. 後に品質工学セミナー向けに「エネルギー（変換）機能」「制御（的）機能」と名付けました.
[33] SN比を計算するときは, 入出力の次元（単位）をエネルギーの平方根にする場合も多いですが, ここでは機能の形態を説明していますので, エネルギーからエネルギーへの変換と理解してください.

ものは機械的な回転エネルギー（トルク×回転数）です．その回転エネルギーの大きさをコントロールするために，お客様がコントロールできるのは，電気エネルギーですね．いずれもエネルギーの単位［J］（単位時間当たりなら［W］）で表される量です．お客様はモータに投入する電気エネルギーを大きくしたり小さくしたりすることで，モータから取り出せる機械的な回転エネルギーの大きさを変えることができるのです．この機能の場合，入出力の比である傾き $β$ は，（出力された回転エネルギー）／（入力した電気エネルギー）で表される「効率」とよばれる量になっています．理想状態は，ゼロ点を通り，傾き $β = 1$ となる比例直線です．モータの場合，1％でも効率を大きくしたいわけですので，これはまさに「入出力の変換効率が重視される」というパターン1の条件に当てはまっているわけです．

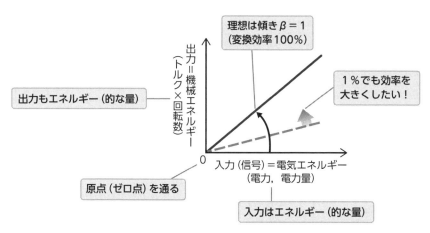

図表3.2.3.2 エネルギー変換機能の例（モータ）

このほかにも，電動アクチュエータのように電気で動く機構も電気エネルギーを機械エネルギーに変換する例です．エレベータやエスカレータはいったん電気エネルギーを機械エネルギー（ローラやロープの巻き上げ力）に変換してから，それを最終的には人（と装置自体）を持ち上げるという位置エネルギーの変化に変換するシステムです．扇風機は内蔵のモータ（羽の回転）まで

3.2 機能定義

は機械的な回転エネルギーで，それによって流体（空気）の運動エネルギーに変えて風を発生させています．出力の「風を起こすこと」から考えれば容易ですね．

例2

ほかにもエネルギー変換の例があります．太陽光発電システム（太陽電池）はどうでしょうか．お客様が欲しい出力は，「電気エネルギー」ですね．発電が機能というわけです．ではその電気エネルギーを得るために，お客様の意図で変化させられるものは何でしょうか．太陽光発電の場合，光が入ってこないことには発電ができません．つまり入力は「光エネルギー」となります．お客様は光の強さ（晴れたり曇ったりの天候）はコントロールできませんが，平均的な出力の大きさとして，電池パネルの面積を変えることができます．2倍の出力が欲しい場合，設置面積を2倍にしますね．面積に比例して受光できるエネルギーの量が増えますので，面積を変化させるというのは入力の光エネルギーの大きさを変えているのと同じことです．結論的には，太陽電池の機能表現は「入力：光エネルギー→出力：電気エネルギー」となります．**図表3.2.3.2**の縦軸，横軸に太陽電池の入出力を当てはめても，モータと同じ関係が成り立ちます（**図表3.2.3.3**）．

この出力と入力の比 β は発電効率を示しています．シリコンを使った太陽電池だと晴れた条件で，20％前後の実力値です．太陽電池を使用するお客様にとっても，開発する側にとっても，発電効率が1％でも上がってほしいわけです．エネルギー変換機能の入出力の傾きである「効率」は，このように簡単に倍，半分に変えられるものではなく，現在の発電効率の成果は大きな技術的努力（材料や構造や作り方の研究開発）によって1％，また1％と積み上げてきた努力の結果だといえます．このことは，もう一つの型である「制御的機能」の傾きとは大きな違いですので，いったん頭の片隅に置いておいてください．

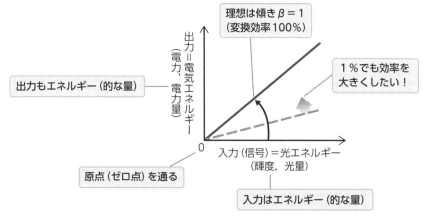

図表3.2.3.3 エネルギー変換機能の例（太陽電池）

例3

　これら以外のエネルギー変換機能の例としては，エアコンや冷蔵庫などの冷熱機器が挙げられます．これらの機器は，暖める，冷やすという温度の方向は2通りありますが，基本的には温度差を発生させるような，出力として「熱エネルギー（温度差×比熱×質量）」を作り出したいシステムです．入力はもちろん電気エネルギーです．これらの冷熱機器の機能表現は「入力：電気エネルギー→出力：熱エネルギー」となります．エアコンや冷蔵庫を買い求める場合，やはり効率（省エネ性）が気になりますね．このようなシステムもやはり，効率が重視されるエネルギー変換機能になっています．

　冷熱機器ではありませんが，白熱電球の出力の99％は熱です．本来欲しい機能である光エネルギーには1％も使われていないそうです．LEDと取り替えて余ってしまった白熱灯があれば，冬場に使うと少しは暖房の足しになるかもしれませんね（笑）．

パターン2　制御的機能

　機能の表現はエネルギー変換ばかりではありません．**制御的機能とは，お客**

3.2 機能定義

様の意図，信号，指令などに応じて，お客様が欲しいと思う結果をコントロールするような機能**のことです．お客様の意図，信号，指令が，エネルギー的ではなく，情報であることが多いのが特徴です．出力の形態はさまざまです．これも例を挙げて説明したほうが分かりやすいかと思います．

例1

まずものづくりに必要な加工や成形などの製造システムを見ていきます．樹脂の成形システム（装置）の機能を考えてみましょう．機能を③出力から考えると，欲しいものは目的の形状のきれいな仕上がりの成形体ですね（樹脂成形をご存知ない方は，ペットボトルの形を柔らかい樹脂から作ることを想像してください）．形状をもう少し技術的な物理量で示すと，これは空間上の位置と寸法の集まりです．

その出力形状という結果を得るために，お客様が指示するのは何でしょうか．樹脂成形では目標となる形状の指示は金型で行います．ペットボトルの形の金型（位置，寸法）を入力すれば，その形の成形品が出てきますし，人気キャラクターのフィギュアの形の金型を入力にすれば，その形の成形品が得られます．入力，出力いずれも，位置と寸法で表されます．

この機能の場合，入出力の比である傾き β は，（出力された成形品の位置・寸法）／（入力した金型の位置・寸法）で表されるもので，これは「効率」ではなく，成形品の大きさや形状の「**変換係数**」です．通常は金型と同じ形状の成形品を得たいので，理想状態はゼロ点を通り，傾き $\beta = 1$ となる比例直線です（**図表3.2.3.4**）．この場合の $\beta = 1$ はエネルギー変換機能における理想状態である効率100％という意味ではなく，入力と同じ形状に出力されるという意味です．このような機能を「転写性」といいます．樹脂が金属になれば鋳造ですが，機能としては同じことです．

樹脂の成形や鋳造では，入出力の傾き（変換係数）は容易に変えられるとは限りませんが（金型寸法より少し小さくできることがあり，これをヒケといいます），傾きだけは安定しているような技術が構築できれば，目標寸法への調

整は金型のほうで行えばよいのです．つまり，ヒケが10％発生して $\beta = 0.9$ の場合は，金型の寸法のほうを，1/0.9 = 11.1％大きくしておけばよいということです．この意味で，転写性も調整が簡単といえます．

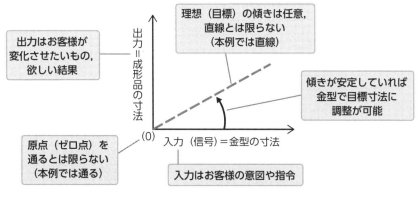

図表3.2.3.4 制御的機能の例（樹脂成形）

製造システムはほかにもいろいろあります．目的の形状を作る方法として，コンピュータ制御による切削加工（NC加工）があります．この場合の入力は位置と寸法の情報を示す電気信号です．これを作業者が指示値として入力します．加工機は，これに従って材料の加工を行い，空間上の形状（位置と寸法）という形で出力します．孔をあけるボール盤とよばれる加工機では，欲しい孔の大きさと位置という出力を得るために，孔の大きさに対しては工具（ドリル）の径を選択することと，孔の位置に対しては加工対象の位置決めをすることでそれぞれ指示という入力をしています．

例2

コピー機のような画像を作り出す画像システムも，制御的機能で表すことのできる代表的なものです．機能を③出力から考えると，欲しいものは原稿と同じ（あるいは拡大・縮小された）きれいな画像ですね．画像をもう少し技術的な物理量で示すと，これは紙面の座標上の位置と画素濃度です（カラーの場合

3.2 機能定義

も3原色の濃度の組み合わせです).その出力画像という結果を得るために,お客様がコントロールできるのは,原稿の画像です(樹脂成形の金型と同じイメージです).リンゴの絵を入力すればリンゴの絵の画像が出てきますし,ネコの写真を入力すればネコの写真の画像が得られます.入力,出力いずれも位置と画素濃度で表されます.例1では寸法という空間的な情報だけでしたが,例2ではそれに濃度も加わるのでやや複雑です.

さてコピー機は,拡大・縮小や濃度の調整も自在です.この機能の場合,入出力の比である傾き β は,(出力された画像の位置・濃度)／(入力した画像の位置・濃度)で表されるもので,「効率」ではありません.画像の大きさや濃度の変換係数とでもよべばいいでしょうか.原稿と同じ画像を得たい場合は,理想状態はゼロ点を通り,傾き $\beta = 1$ となる比例直線です(**図表3.2.3.5**).しかし画像を拡大,縮小したい場合もありますし,濃度を濃くしたり薄くしたりしたい場合もあります.つまり,コピー機においては $\beta = 1$ は目標値になることはあっても理想とは限らず,変換係数は任意なのです.モータの効率と異なり,1％でも大きくするのに特別な技術開発が必要というわけではなく,比較的簡単な技術手段でこの変換効率を調整することができます.コピーの拡大率や濃度が1.1倍より1.2倍のほうが技術的に難しいとか優れているということはありません.このように「入出力の変換効率が重視される」**のではなく**,「お客様の意図,信号,指令などに応じて,結果をコントロールする」というパターン2の条件に当てはまっているわけです.

画像システムはほかにもいろいろあります.パソコンにつないでいるプリンタは,入力は位置と濃度の情報を示す電気信号を,紙面上の画像(位置と濃度)という形で出力します.デジカメは,レンズから入ってくる外界の光(位置と濃度(光の強さ))という情報を入力として,デジタル画像(位置と濃度)情報を電気信号としてメモリに書き込みます.テレビやファクシミリも,これらと同じ画像システムであることが分かると思います.画像の情報を伝達して,いろんな媒体に画像の情報を出力しているのです.

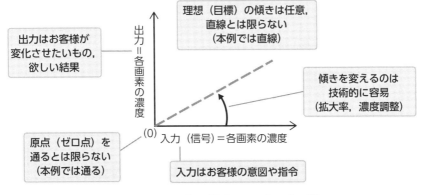

図表3.2.3.5 制御的機能の例（コピー機）

例3

　制御的機能のそのほかの例をいくつか挙げておきましょう．3.2.2項で取り上げた自動車に用いられる燃料ガス用流量制御バルブの例です．出力は，お客様が欲しい目標としたガス流量です．それを制御するために変化させる入力は電圧信号でした．電圧信号を大きくするにしたがって出力流量が増えるシステムです[34]．入出力の関係は線形のほうが制御しやすいかもしれませんが，入出力の関係が安定していれば必ずしも線形になっていなくてもよい場合もあります．制御的機能の場合は，機能の理想状態は希望や目標値なので，エネルギー変換機能のようにゼロ点比例とは限りません（**図表3.2.3.6**）．これも制御的機能の一つの特徴といえます．

---

[34] お客様（自動車のユーザ）が直接電圧を変化させるわけではありませんが，たとえばユーザがアクセル踏み込みなどの指示を，自動車システムに与えることで，より燃料の供給を多くする必要があると制御コンピュータに判断され，流量バルブへの電圧が増加されます．部品の場合はこのように，直接ユーザが信号を与えるわけではない場合もあります．これについては**3.2.4項**の機能展開のところで改めて触れます．

3.2 機能定義

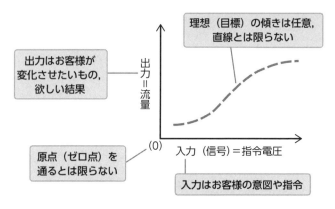

図表3.2.3.6 制御的機能の例（流量制御バルブ）

　もう一つ例を挙げましょう．同じく自動車の例です．自動車の「曲がる」という働きについて考えます．お客様が欲しい出力は，車体が〇〇度曲がったという結果（曲がった量）です．その結果を得るための指示は，お客様（車のユーザ）がハンドル（ステアリング）を何度かの角度分だけ回転させることで行います．この関係は制御的機能そのものです．入力（ハンドルの回転角）と出力（タイヤの回転角）の変換係数 β はもちろん1ではありません．タイヤは数10度程度しか曲がりませんが，ハンドルは何回転もします．この変換係数 β がいくらがよいかは，ユーザの好み，使いやすさの問題で，車メーカがリサーチして企画に盛り込むべき内容です．変換係数 β の値に絶対的な理想はなく，企画から決まる任意の値です．変換係数 β を調整するのもギヤ比を変えるなど技術的には難しくないでしょう．入力と出力の関係も比例が理想とは限りません．自動車のハンドルには「あそび」という余裕が設けられていますね．ユーザが使いやすいような，入力と出力の関係（多くは曲線）を考えて，そのように設計しているのです．エネルギー変換のような物理的な理想状態ではなく，目標値としての理想状態があるわけですね．

　制御的機能のそのほかの例としては，センサや計測器の類です．センサの例としては音のエネルギーを得て電気信号に変換する音圧センサ（マイクロフォ

ンも同じです），圧力や歪などの力を電気信号に変換する圧電センサや歪セン
サ，光の強さを電気信号に変換する光センサなど，測りたい対象の真の値を入
力として，それに応じた出力値（多くは電圧）を出力する機能です．

　ガラス管中の液体を使った寒暖計は，温度（変化）を入力として，液体の膨
張量（ガラス中の液面位置）を出力とする機能をもっています．いずれのセン
サや計測器も，入出力が必ずしも比例関係でなくても，数値の読み替えや目盛
りの打ち方で正しい出力を得ることができます（これを調整とか校正といいま
す）．いずれにしても変換係数の β は任意というわけで，センサや計測器を製
造しているメーカでは，正しい値を表示させるために，製品の個体ごとに β
を調整して出荷しているのです[35]．

　以上，エネルギー変換機能と制御的機能を，いろんな例を挙げて説明してき
ました．ほとんどのハードウェアの機能は，このどちらか，あるいは両方に当
てはまるはずです．では練習してみましょう．

演習3.2.3.1

演習2.1.1で取り上げた機能をもう一度考え直してみましょう．エネル
ギー変換機能でも，制御的機能でも構いませんし，両方で定義しても構い
ません．

---

[35] 寒暖計の作製方法を紹介するテレビ番組を見ましたが，製品の個体ごとにガラス管の径が微妙に異なりますので，ガラス管に同じ目盛りを印刷すると正確な温度が表示できません．個々のガラス管を0℃の氷水と80℃のお湯につけて，それぞれの液面の高さに応じた目盛りを打っていました．目盛りの印刷はすべて同じではなかったのです！

3.2 機能定義

▶▶ 画像システム評価の補足

Q コピー機の例で，入力信号や出力が位置・濃度となっていますが，具体的にはどのようにデータをとればよいのでしょうか．

A 位置の転写と濃度の転写は別々の機能で，信号も異なりますので，別々に評価することが考えられます．位置の転写の場合は，位置や寸法が計測しやすいパターンを使って，どれくらい歪みのない画像が得られているか評価します．パターン上に複数の基準点 $(1, 2, \cdots, n)$ をとって，その基準点どうしの2点間距離 $(1\sim2, 1\sim3, 1\sim4, \cdots, n-1\sim n)$ を信号として形状の転写性を評価します（**図表3.2.3.7**）．基準点として原稿の4隅も含めると，位置ずれや回転の評価も含まれます．このような2点間距離を信号として形状の転写性を評価する方法は，樹脂成形や鋳造の評価でも同様です（平面が立体になるだけですが，計測の難易度は上がります）．

濃度の評価は，濃度が何段階か異なるパターンを原稿内のさまざまな位置（たとえば $3 \times 3 = 9$ 箇所）に作っておいて，そのパターンの濃度がコピー結果の濃度にどれくらい忠実に転写されているかを評価します．実際のコピー機の開発の現場ではもっと複雑で精緻な評価を行っていると思いますが，基本の考え方はこのようなものです．

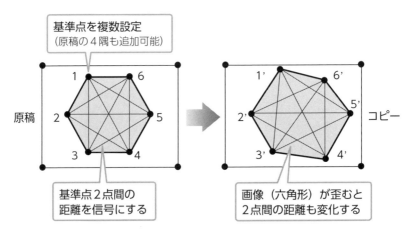

図表3.2.3.7 コピー機における位置（図形）の転写性の評価

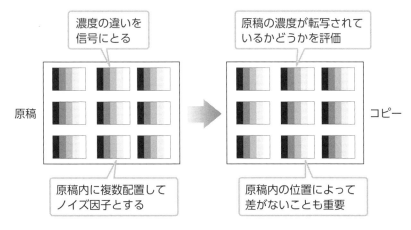

図表3.2.3.8 コピー機における濃度の転写性の評価

▶▶ ほとんどの機能は両方で考えられる

　さてエネルギー変換機能と制御的機能の考え方に少し慣れたかと思いますので，つぎにこれら両方の機能で考えられる例を見ていきます．プレゼンや映画鑑賞に用いるプロジェクタの機能を考えます．

　ステップ1の基本公式（再掲）

[①対象：　　　　　　]の機能は，
　お客様が意図した［②入力：　　　　　］に応じて，
　　お客様が欲しい［③出力：　　　　　］を得る．

にのっとって，「①対象：プロジェクタ」の機能を考えてみましょう．まずプロジェクタに対してお客様が欲しい「③出力」を考えます．何のためにプロジェクタが発明されたのかを考えてもいいでしょう．プロジェクタの「③出力」は，所望の明るさで映像（画像，文字など）を投影することです（スクリーンの機能も含んでいますが，ここではまとめたシステムとして考えましょう）．

　つぎのステップ2では，「エネルギー変換機能」か，「制御的機能」のいずれか，あるいは両方で考えればよいのでした．

3.2 機能定義

> 【パターン1】
> 入出力の変換効率が重視されるような「**エネルギー変換機能**」
>
> 【パターン2】
> お客様の意図，信号，指令などに応じて，結果をコントロールする「**制御的機能**」

まずエネルギー的な機能で考えれば，照明器具と同様に，所望の光量がないとそもそも映像を投影することはできません．パターン1のエネルギー変換機能で考えた場合には，「③出力」は映像の明るさ（全体の平均的な光量）です．仮に真っ白な画像を投影したときに，全体の明るさが所定の値であってほしいということです．また画面のどの位置でも同じ明るさで，むらがない均一な明るさになっていてほしいわけですね．

つぎに，この出力を得るために，お客様が意図してコントロールできる「②入力」は何でしょうか．照明と同じなのですから，これは電力ということになります．プロジェクタには投影した映像の明るさを調整するつまみやボタンが付いているでしょう．これを操作することで，"何らかの手段によって"（ここではメカニズムを考える必要はありません），プロジェクタのランプの供給電力を変化させているのです．機能ブロック（機能の数珠つなぎ）で考えると「お客様の操作→電力（の変化）→光量（の変化）」というようになっています．「お客様の操作→電力（の変化）」の部分は，つまみやボタンの操作によって正しく供給電力が変化するための制御的な機能ですし，「電力（の変化）→光量（の変化）」の部分は，ランプのエネルギー変換的な機能です．明るさのつまみの角度と供給電力の変換係数は任意です（どのような係数にすると使いやすいかという製品企画の問題です）．供給電力と光量の変換係数は，ランプのエネルギー変換効率ですので，100％が理想状態です．この効率はランプの技術開発に係わる重要な指標で，簡単には調整（向上）できません．これが，エネルギー変換機能と制御的機能の変換係数の大きな違いなのでした．

プロジェクタにはもう一つ肝心な機能がありますね．制御的機能の例で出て

きた，画像を作る（転写する）機能です．つまり「②入力」がPCなどから送られてくる画像の信号（位置と濃度）であり，「③出力」が投影された画像（位置と濃度）です．これは制御的機能ですから，位置（画像の拡大率）や濃度などは比較的簡単な技術手段で調整が可能なのです．

このように，制御的機能をもつものは，それを制御，動作させるためにエネルギーも使いますので，エネルギー変換機能ももっています．プロジェクタなら前者は画像の絵作りの機能ですし，後者は省エネに関係する機能です．一方，発電や動力伝達のようにエネルギー変換（伝達）そのものが目的の場合は，エネルギー変換機能しかもたないものもあります．

演習3.2.3.2

　エレベータの機能を考えてみましょう．人を乗せて昇降させるので「電力を投入して位置エネルギー」を変化させているといえますが，下がる場合は位置エネルギーは減少します．どう考えればよいでしょうか．ヒントは回生です．また，制御的な機能は何でしょうか．いろいろありますが，ヒントは行先や乗り心地です．

　そのほかにも，何か製品を設定して，同様にエネルギー変換機能と制御的機能の両方で定義できるか，考えてみましょう．

▶▶ 二つの機能パターンで考える利点

これまで，エネルギー変換機能と制御的機能について例を挙げながら，それぞれの考え方や特徴について説明してきました．このパターン分けで考えれば，機能を考えやすいという利点があります．ここではさらに重要な論点について説明します．

この**2種類の機能の大きな違いは，入力と出力の変換係数が，理想状態では100％なのか（エネルギー変換機能の場合），任意なのか（制御的機能の場合）**

3.2 機能定義

という点でした.またその変換係数は,エネルギー変換機能の場合は「効率」とよばれ,1％向上させるのに非常に大きな技術的努力（技術開発へのリソース投入）が必要とされ,技術開発の最重要項目の一つです.その一方,制御的機能の変換係数は,比較的簡単な技術手段（可変抵抗,レンズ間距離,ギヤ比など）で変えることが可能です[36].これを「調整」とか「チューニング」といいます.計測器の場合は「校正」ともいいます.

実はこの違いを認識することが非常に重要なのです.品質工学の安定性設計（パラメータ設計）では,「**2段階設計**」といわれる方法があり,以下のような記述が示されています（下線は筆者）.

「（目的特性である）yの値のばらつきを減らす研究をし,そのあとで<u>目標値</u>にもっていく2段階設計を主張している」[3-6]
「ユーザの使用条件（環境や劣化）が変わっても機能（正しくなくてもよい[37]）が変わらないロバストネスを改善してから,標準使用条件で<u>目的機能</u>に合わせ込む方法」[3-7]
「ばらつきを最小にして信号（NCマシンなら,信号である数値を入力）によって<u>目標形状</u>のものを作るのである.まずばらつきを小さくする研究を行ってから,そのあとで目標形状のモノを作るという2段階設計である.」[3-8]

ここから分かることは,2段階設計の2段階目の調整（チューニング）は目標値,目的機能（目標カーブ）,目標形状に対して合わせ込むことになっています.これらの**目標は合わせ込めるものでないといけませんので,エネルギー変換機能では無理**です.入出力の変換係数である効率を2倍にすることは調整の範囲では困難ですし,理想の100％に調整することは不可能です.つまり,調整（チューニング）というのは,必ず制御的機能（変換係数は調整が容易）

36　出力の目標カーブが複雑な場合は,それに調整する（合わせ込む）のにはそれなりの技術が必要ですが,それでも相対的には効率を上げる方が調整よりも数段難しいとされます.
37　筆者（鶴田）注：目標カーブや目標値に合っていないという意味.

に対して行うべきものです[38].

　調整を容易にするためには，もともとの機能がばらついていてはうまくいきません．そのため，2段階設計では調整よりも先に，さまざまなノイズ因子（お客様の使用条件や環境条件）に対して安定な設計（ロバスト設計）を行っておく必要があります（SN比を向上させる）．そのような安定な設計を実現してから，ノイズ因子のない標準的な条件（新品で劣化がなく，常温で振動なしのようなマイルドな条件[39]）で調整を行うのです．調整のとき，安定性（SN比）が変化してしまってはいけませんので，パラメータ設計という直交表を使った設計方法によって，「安定性には影響せず，調整だけ行える」ようなパラメータを見つけておき，それを利用するのです．

　ここで強調したいことは，1段階目の安定性の設計をエネルギー変換機能で行ったとしても，2段階目の調整（チューニング）では，エネルギー変換機能の傾き β （効率）を対象とした場合には自由に β を変化させることはできないということです[40]．できるのは，設計条件（SN比の向上という制約）の範囲内で最も β が大きくなるところを選ぶという程度のことです．エネルギー変換機能そのものが目的でないような場合は，別途調整用の制御的機能（目標カーブ）を考えることになります．

　もう一つの視点は，**エネルギー変換機能で大切なのはまず，効率 β が大きいということ**です．もちろん効率が変化しないことも重要ですが，そもそも出力が低いものは使いようがありません．このような効率 β を上げておく設計を，**機能設計**（機能性ではなく機能ですよ）といいますが，これは2段階設計の前の「0段階目」で行っておくべきことなのです．**エネルギー変換機能の2**

38　機能に対してチューニングしないケースとして，効率以外の品質特性（スペック）の値をチューニングすることがあります．
39　全ノイズ因子条件（水準）の平均を標準条件に使うこともあります．
40　入門書の中には，エネルギー変換の例でも β （効率）を自由に変化できるような模式図が書かれている例がありますが，誤解を招きますので注意が必要です．

3.2 機能定義

段階設計の2段階目で効率を上げるのではありませんので注意してください．効率 β があらかじめ確保されるということは，製品の競争力上，環境問題（省エネ）上，開発効率上のいろんな局面で重要なことです．その上で，安定性が必要なのです．ある自動車のエンジンの効率を平均25％としましょう．さまざまな使用条件，環境条件のもとでこのエンジンの効率は20％〜30％くらいにばらつくとします．この25％±5％のばらつきはお客様にとって大きな品質問題ですが，それ以前にもっと大きな75％（100％−平均効率）のエネルギーは最終的には熱となって，無駄になっているわけです．これは経済的にも環境的にも大きな損失です．そういうわけで，エネルギー変換機能においては，変換効率は安定性以前に非常に重要なのです（**図表3.2.3.9**）．

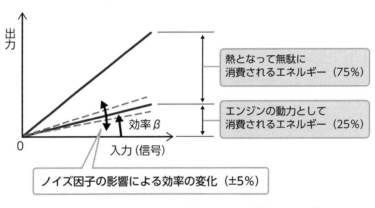

図表3.2.3.9 エネルギー機能における効率の重要性

一方，制御的機能では入出力の変換係数に技術的に大きな意味はなく（もちろん最終的に製品に仕上げるときには必要です），機能の安定性が重要です．画像システムのように絵を作ったり転写したりする機能では，安定性の低下は即，画像のゆがみや乱れにつながります．**制御的機能の場合は，まず1段階目で機能の安定性を実現し，それを標準条件のもとで目標の傾きや関数形状に調整する**のです．一つの機能表現で安定性の評価と調整を行えるのは，こちらの制御的機能です．

このようなことを認識するためには，エネルギー変換機能と，制御的機能という二つの機能の視点をもっておくことが非常に重要です．従来，このような分類で機能が議論されたことは少ないと考えます．機能を分類するというからには，それなりの理由があるのです．理由なき分類は混乱を招くばかりです．

▶▶ モノの前に機能がある

　ここまで製品（モノ）を例題として，その機能は何かと考える形で説明しましたが，これは説明のための方便，あるいは我々のほとんどの仕事はすでにあるモノの改良やモデルチェンジであるためです．本来はモノがなくても機能単独で考えることができるのです．機能とは「こうなってほしい」，「こんな出力が欲しい」という働きですので，その**手段やメカニズムは度外視して機能を考えることができます**．我々の身の周りには，自分が生まれたときからすでにたくさんのモノがありますので，モノから機能や現象を考えがちですが，初めてそのモノを考えた人は，その働きである機能を考えたはずです．「夜でも明いところで本が読みたい」，「馬より速く移動できる手段が欲しい」，「階段を使わずに楽に上に上がりたい」…．これらの「願望」はその達成手段を含んでいません．これが機能です．ですので，技術者は，お客様が欲しいと思う「新しい機能」を考えて，それを設計によって実現し，世の中に送り出すことで，社会や企業の発展に貢献するのです．どのような機能のものが望まれるのかは，企画の問題です．それをどう実現させるのかが技術の問題です．実現するには，科学的，工学的知識も必要ですが，技術開発や設計は「創造」ですので技能的，芸術的な感性も必要でしょう．いずれにしても，先にモノがあるわけではない，ということを知っておいてください．

▶▶ 機能設計に関する補足

Q 制御的機能には機能設計はないのでしょうか．

A もちろんあります．目標カーブへの調整を2段階目に行うといっても，安定化後のカーブ形状があまりにも目標とかけはなれていては話になりませ

ん，ある程度目標に近いところで機能（動作）するものを設計しておくことが，制御機能における機能設計です．通常の条件で，ハンドルを切れば車が曲がる，原稿と同じような画像がコピーできるというレベルです．

▶▶ 機能が定義や計測ができない場合の対応，禁じ手
（1）欲しいものの連続量を測る

機能の定義についてはステップ1の基本公式と，ステップ2の二つの機能パターンで考えれば，9割以上の場合うまくいくと考えています．もし，入力と出力を定義してみたもののエネルギー変換機能にも制御的機能にも当てはまらないということであれば，まず機能の基本公式（ステップ1）どおりの入力と出力になっているかをチェックしてみてください．入力はお客様がコントロール，指示できるようなものになっていますか．出力は欲しいものが取られていますか．機能というのは基本的にエネルギーの流れと情報の流れです．ハード的な機能とソフト的な機能といってもよいでしょう．エネルギーと情報，ハードとソフトというのは，MECE（ミーシー，もれなくダブりなく）の概念になっています．前者がエネルギー変換機能，後者が制御的機能と考えれば，機能のほとんどはこのいずれか，あるいは両方に当てはまるはずなのです．

それでもうまくいかない場合についてお話しします．一つは，機能は定義できたけれど，評価するための計測手段がないという場合です．この場合，代替特性を考えるほかありません．入力と出力の関数関係を測るのは難しいけれど，条件を設定して出力の値だけなら計測できるということは多いでしょう．入力のモータの回転エネルギーを変えながら計測するのは難しくても，定格での効率なら測れるとか，太陽電池の効率をJISで定められた規定の光入力のもとで測ることならできる，というような場合です．

また，別のケースとして，入力と出力の線形性が高く，信号を振って評価する必要がない場合も，信号因子を固定して評価する場合があります．特に，コンピュータシミュレーションの場合で，入出力の線形性があらかじめ分かって

いる場合は，信号水準をとるのは無駄です．

　入力を考えずに（入力を固定して）出力だけを評価する場合，このような出力特性を**静特性**といいます．しかし，何でもよいわけではありません．ここで基本公式の「③出力」のルールだけは守るのです．すなわち，静特性であっても，**お客様が欲しい出力**をとります．機能性評価の利点を生かすためには，連続量であることも必要です．

　以下に例を挙げます．

例1 ：スイッチの電気接点

　電気接点の機能は電気を流すことですので，電圧と電流の関係を評価するのが普通です（エネルギー機能の一種）．しかしこの関係を計測できない場合は，接点の導電率を静特性で評価することが考えられます（欲しいものは導通ですので抵抗値ではなく導電率を測ります）．導電率は電流を電圧で割った次元をもっていますので，電圧を入力として固定したときにその傾き（電流／電圧）がいくらになるか，という指標です．電圧を固定したという不満は残りますが，電流が流れやすく，使用条件に対しても安定した接点を開発したいという場合の評価の代用になると考えられます．

例2 ：スイッチのアクチュエータ

　リレーなどの電磁機構を使ったスイッチでは，例1のようなスイッチが接触してからの機能のほかに，スイッチの接点がスムーズに動作するといったような制御的機能も重要です．機能表現すれば，電力の供給に応じて接点に機械的エネルギーが発生する（それによって動く）というエネルギー変換機能で表せます．また，電力開始からの時間経過に応じて，ある目標カーブで移動するというような制御的機能も定義できます．このような機能が計測できない場合，たとえばある固定条件での電力を供給した場合の，接点に加わる力を計測することが考えられます（実際，筆者もプッシュプルゲージ＝ばねばかりで計測したことがあります）．このときの発生力は機械的エネルギーに比例するものと

3.2 機能定義

考えられる，欲しい特性です．これは電力条件が固定という不満は残りますが，静特性として代用できます．

例3：絶縁材料

一つトリッキーな例を説明しましょう．「電気を通さない」という目的をもった絶縁材料を評価する場合です．積極的に何かをするという機能ではなく，「～しない」機能です．通常は，静特性として「絶縁抵抗」や「絶縁耐力（何Vまでの電圧に耐えられるか）」を評価指標とすることがあります．これらは絶縁材料に対して，お客様が欲しい特性ですので，機能の代用として採用できます．絶縁抵抗は大きいほどよく，しかもさまざまな使用条件，環境条件で安定しているほうがよいというわけです．機能で評価する場合はスイッチの接点と同じように電圧と電流（積極的に流したい電流ではないので漏れ電流といいます）の関係を測りますが，入力の電圧に応じて流れる電流が「小さい」ほど良いという特性である点が接点とは逆になっています（**図表3.2.3.10左**）．出力が小さいほど良いというのは，欲しくないものを評価することになりますので，入力と出力を入れ替えて，入力を電流，出力を電圧とすれば，ある電流に対してどれだけ大きな電圧をかけられるのか，という機能の表現が可能になります（**図表3.2.3.10右**）．これはエネルギー機能の一種です．少しトリッキーですが，出力を欲しいもの（大きいほど望ましいもの）にしておくことで，**3.4節**で説明するSN比の考え方と整合が取れるようになるのです．

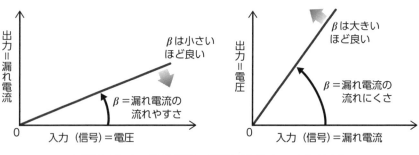

図表3.2.3.10 絶縁抵抗の評価（入出力の入れ替え）

(2) 欲しくないものの連続量は最終手段

　ではつぎに，静特性を用いても「欲しいもの」が測れない場合は「欲しくないもの」を測るほかありません．ただし**機能性評価の利点を少しでも生かすために，連続的な量**をとってください．かなり禁じ手に近いので，ほかに方法のない場合の最終手段と心得てください．例としては騒音や，モータのコギングトルクの問題です．

　騒音は副作用です．モータの騒音であれば，本来はモータの機能を評価し，その機能を改善すれば副作用も小さくなるはずです（**3.2.1項参照**）．原則論としてはそのとおりなのですが，騒音に使用されているエネルギーはロスしている有害エネルギーのなかのごく一部です．モータの効率は90数％以上ありますので，騒音に使われているエネルギーが減ったかどうかを計測するのは容易ではありません（副作用のほとんどは銅損と鉄損です）．音の原因が共振によるものの場合はよりその消費エネルギーは小さくなります．そこで，製品がほぼ仕上がったが騒音だけが問題になっているということが起こります．この場合，しかたなく小さいほど望ましい特性として音を測ることもあるのです．副作用を測って改善するのですから，**他の副作用の増大のリスクは含んでおく必要はあります**．なお，共振が問題の場合は固有振動数（固有値）を評価特性にしてそれを安定させてから，ずらすという2段階設計を行うこともできます[3-9]．

　同じく，サーボモータなどのコギングトルクもやむなく副作用自身を計測する例の一つです．コギングトルクとは，回転角度に応じて固定子（ステータ）と回転子（ロータ）間の電磁吸引力が脈動するトルクむらです．これは回転動作中のトルクの変動ではなく，固定子や回転子の形状が完全に周方向に均一でない（多角形のような形状をしている）ために発生するものです．モータの入力電力ゼロ（非励磁状態），回転数がほぼゼロのときに発生しますのでエネルギーの問題では扱いにくいのです．コギングトルクが大きいと，サーボモータを使用したロボットや加工機の位置の精度が悪くなるなどの問題点があります．その意味では，モータ単体ではなくその上位のシステムであるロボットや

加工機の機能を考えて全体で改善することも考えられますが，対象が大きくなりすぎてかえって能率が悪くなります．そのため，モータのエネルギー変換機能での評価で全体を評価するのを基本としつつ，並行してコギングトルクも評価するという方法をとることが多いわけです[3-10]．

(3) 禁じ手の0/1特性

ここまでの流れは，まずは機能を定義して評価するのが原則であり，それがかなわない場合は，欲しいものの連続量を静特性で評価，それもかなわない場合は，欲しくないものの連続量を静特性で評価しましょう，という手順でした．この項の最後に，これだけはご法度の特性値を説明します．つぎのような「有/無」，「OK/NG」，「正常/異常」，「0か1か」といったような，2値でしか判断できないものは機能性評価の有効性を生かしにくいのでやめておきましょう．できるだけ連続量で評価することを念頭に置いてください．

・外観検査のOKとNG
・故障やエラー信号の有無，…長時間での判断になりやすい
・故障率…一見連続量ですが，率を求めるために故障の有無（上記）の判定が必要なため，長時間かかるだけでなく，率を求めるためにサンプル数も多くなります（**1.5節**参照）

デジタルな0/1特性の信号しか出ないシステムの場合は，アナログな連続特性で測れるものがないか，と考えてみる努力と工夫が必要です．

▶▶ 「基本機能」について

本書を読む前に少しでも品質工学を学んだ方は，「基本機能」という言葉をご存知かもしれません（そのほかにも，目的機能，理想機能などの言葉が出てきます）．本書では意図的にこの言葉の使用を控えています．ここでは，品質工学の本で使用されている「基本機能」について補足します．しかし，通常は単に「機能」でよく，エネルギー変換機能と制御的機能の分類を理解するほう

が重要というのが本書のスタンスです．

　まず，「基本機能」って何？から始めましょう．品質工学経験者のみなさんも，何となく使っていませんか．「この製品の基本機能は〇〇と考えました」というふうに．ほとんどの場合，「基本機能」を「機能」や「特性値」に置き換えても通じる文脈にもかかわらずに，です．では，一緒に考えていきましょう．

　まず基本機能という用語がどのように説明，定義されているのか見てみましょう．やはりまずは田口玄一先生の言説から引くのがよいでしょう（下線は筆者（鶴田））．

- 「モノの<u>働きの本質</u>を表す基本機能を見出し，…」[3-11]
- 「基本機能は，目的機能をもたせるための<u>手段としての機能</u>である」[3-12]

　要するに，基本機能とは「手段としての機能」だというのです（「本質」という言葉は意味が確定しないので，手段と同一の意味かどうかは判断のしようがありませんが）．もう少し掘り下げるために，自動車のガソリンエンジンの例で説明する部分を見てみましょう（同じく下線は筆者）．

- 「<u>一石全鳥であらゆる技術品質を評価する</u>［のが基本機能］」[3-12]
- 「［ガソリン］エンジンの基本機能は何かである．それは実は<u>化学反応</u>である．エンジンに燃料，空気などを入れて圧縮した上で点火すると爆発が起こり，ピストンを動かすのである．確かに<u>目的機能は変換（燃焼エネルギー）→（機械出力）</u>であるが，それは化学反応を用いているシステムである．」[3-13]

　この具体例で明らかになるのは，**その機能を評価・改善すれば，あらゆる品質特性（副作用）が評価の中に入り，機能の改善によってあらゆる品質特性も改善される，そのような機能を基本機能**という，ということです．田口先生は，ガソリンエンジンの基本機能は「化学反応」であり，「エネルギー変換ではな

い」といっています.その理由はエネルギー変換による評価では,NOx(窒素酸化物)などの公害が評価されず,エネルギー変換ではすべての品質特性を改善することができないから,と理解しています(**図表3.2.3.11**).

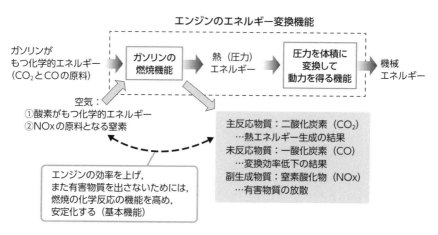

図表3.2.3.11 ガソリンエンジンのエネルギー変換機能と基本機能

確かに,エンジンの効率が上がれば(エネルギー変換機能を理想状態に近づければ),有害な化学物質(不十分反応や副反応)に使用される有害エネルギーが抑制されるかというと,そうとは限りません.NOxの原料となる窒素や酸素は大気中から過剰に供給されるので,エネルギー変換の入力である燃料(燃焼)のエネルギーのロスに直接寄与しないからです(不十分反応の結果であるCO(一酸化炭素)は寄与します).これは基本機能の利点を説明するうまい例を見つけたものだと感嘆します.ガソリンエンジンの基本機能はエネルギー変換ではなく,化学反応.これは定義から導かれることは知識として知っておきましょう.その上で,そのような基本機能で考えるのが能率的かどうかを考えてみましょう.

私は以下の理由で,ほとんどの技術者の仕事である製品の開発,設計,改善,評価の局面では,メカニズムの根本の基本機能まで立ち返った考え方は,難解

なためとっつきにくく，既存のリソースやしくみでは評価改善が困難であり，またかえって能率が悪い場合があるため，とりあえずは脇に置いておくほうが良いのではないかと考えています[41].

理由1 ：難解である

すべての品質特性を改善するための手段や，そのメカニズムである基本機能が簡単に見つかるわけではありません．この追求こそが品質工学の研究といえるのかもしれません．しかし大多数の設計・開発技術者は品質工学の専門家・研究者ではないのです．品質工学の学問として基本機能の追求の必要性は認めつつも，現実はやはり理想とは程遠いといわざるを得ません．

理由2 ：技術手段どうしの比較が難しい

たとえば化学反応（燃焼）をメカニズムとしないエンジンはいくらでも考えられます．電気自動車のモータも一種のエンジンです．蒸気機関もエンジンですし，今後他のメカニズムを使ったエンジンも発明される可能性があります．それらを比較するときに，メカニズムごとに基本機能を考えて評価していては能率が悪いし，異なる機能どうしを一つのSN比で比較するのは困難です．お客様の立場に立てば，メカニズムは関係なく，欲しい出力が出て，それが安定であればよいのです．そのためにはメカニズムや手段によらない機能（エネルギー変換機能や制御的機能）で比較するほうが，さまざまな技術手段の比較ができて能率的であると考えます．**エンジンの機能性評価ではメカニズムや手段によらないエネルギー変換機能の評価と同時に，ガソリンエンジンではNOxの排出量を同時評価**してもそれほど効率が悪いとは思えません．すべての品質特性を改善できるような，独創的な基本機能を必ずしも考えつかなくても仕事は進むということです．実際，本書で紹介したようなエネルギー変換機能や制御的機能で，「一石全鳥」を狙えるケースも多々あり，それが基本機能とよべ

41　ただし，本書の考え方で導いた機能が，たまたま基本機能と一致することはあります．

3.2 機能定義

るものでないにしても，能率的であることが多いのです．

理由3：計測が困難なものが多い

エンジンの基本機能である燃焼の化学反応を定量的に計測する，あるいはコンピュータシミュレーションで計算するというのは容易ではありません．化学反応のエネルギーのやり取りというのは原子・分子単位の現象です[42]．それだけに技術面での優位性を確保するために，このような計測・計算技術は取り組むべきテーマであるというのは同意するところです．しかし，大多数の設計・開発の現場ではそのような高度な計測や計算の環境が整備されていません．与えられた短い期間で実現可能な手段で計測を行い，評価する必要があります．現実には，計測技術の開発からおっとり始めるわけにはいかないことが多いのです[43]．化学反応が測れない場合どうするか．投入したガソリンの化学エネルギーはガソリンの成分が分かれば理論計算で出てきます．出力はエンジンの機械エネルギー（たとえば回転数とトルク）で計測できます．NOxは同時に市販の検出器で計測できます．基本機能のように現象が根本的になればなるほど，計測が高度になるといえます．

理由4：基本機能から上位システムへの統合が困難

化学反応を安定させた燃焼機関を効率のよいエンジンに仕上げるためには，クランクシャフトの機構やピストンの摺動摩耗の問題，電子制御の問題などさまざまな技術要素と組み合わせる必要があります．その意味では化学反応はエンジンのサブ機能とみることもできるわけです．むしろ，素直にエンジンとしてのエネルギー変換機能を考えて評価したほうが直接的，能率的です．化学反応で評価・改善したあと他のサブ機能と組み合わせて設計するのはかえって能

---

[42] 実際，田口先生の化学反応における機能表現も，エネルギー変換や分子の運動の挙動を計測するというものではなく，現実に計測できる特性として，マクロな生成物，副生成分などの量を計測しています[3-14]．

[43] そのような計測技術開発を事前に行うべきであること，それがマネジメントの問題であることも同意した上で，現実はそうならない立場からの意見です．

率が悪い場合があるのではないかと考えます．

　品質工学では基本機能の安定性を確保した「技術」を事前に「技術の棚」に用意しておき，製品企画時にはその棚の技術を見て，製品の仕様を決定し，製品の設計・開発では，技術の棚から開発済の技術を寄せ集めて編集設計とチューニングをするだけなので，手戻りや納期遅れはあり得ない，といわれます．しかし，複数の基本機能を統合して，さまざまなスペックを満たしながら，一つの製品を作り上げる（技術統合する）ことは，言うは易しと考えます．そのような理想論やそれへの努力の必要性は認めつつも，より多くの人に品質工学的な考え方を提供する必要があるのではないかと考えているのです．

　以上，品質工学の基本機能に関する私の考えを述べましたが，これは本来の品質工学が目指すところと，本書のスタンスの違いであり，基本機能の追求，技術開発を先行させての製品開発などの戦略そのものを否定するものではないということです．ただ人間や組織は時間的にも物質的にも有限の存在であり，理想論で活躍できる人はわずかです．理解や実践に時間もかかり，結果的に成果の総量が限られてしまうということが筆者の問題意識です．

3.2.4　複雑な対象での対応方法（機能展開とスコーピング）

　3.2.3項では主に製品（システム）全体として，お客様の欲しいものである出力，その出力をコントロールできるようなお客様の入力信号を考えてきました．製品全体の機能で評価するときはこれでよいのですが，実際に設計・開発の技術者が評価・改善に取り組む対象というのは，製品全体でないことのほうが多いと思います．昨今，自動車やスマートフォンのように，製品が複雑化（多機能化，部品点数の増大），複合化（ハードウェアとソフトウェアの連携）しています．良いか悪いかは別として，その状況では一人の技術者がプレイヤーとして全体を設計・開発することは難しく，全体システムをいくつかのパートに分けて設計・開発することが多くなっています．このような場合，機能をど

のように考えて評価すればよいのでしょうか.

製品全体の機能をまとめて評価すべきなのか,分割して評価したほうがよいのかは諸説あります.しかし基本的な考え方は目的に応じた,適度な分割を行い,個々に評価・改善したのちに統合して上位の機能を確認する,という方法を推奨します.まず機能の分割(機能展開)についてお話しし,つぎに目的に応じた適度な分割と対象の決定(スコーピング),最後に分割して評価する場合の注意点について述べます.

▶▶ 機能展開

図表3.2.4.1は液晶ディスプレイに用いられる液晶パネルの構造図[3-15],**図表3.2.4.2**はその機能展開の例です.このような図を機能ブロック図とよびます.

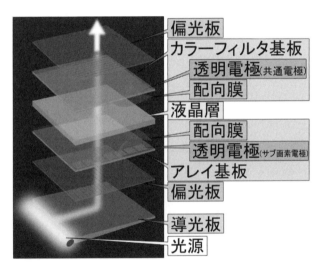

図表3.2.4.1 液晶パネルの構造図
(出典:Wikipedia日本語版「液晶ディスプレイ」の項)

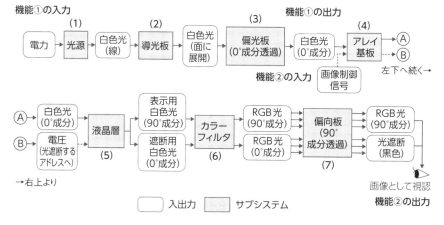

図表3.2.4.2 液晶パネルの機能ブロック図

同図に四角で示したものには機能の名称または部品やサブシステムの名称が入ります．いずれにしても一つの四角のブロックが小さな機能を表しています．これを**サブ機能**とよびましょう（モノの場合は**サブシステム**といいます）．モノがまだない段階ではサブ機能で考えますが，すでに従来品などのモノがある場合が多いと思いますので，部品や部品の集まりであるサブシステム単位にどのような機能（入出力）をもっているかを考えると分かりやすいです．サブ機能も製品全体の機能と同じように，入力と出力があります．これを同図では楕円で示しています．

まず注目してほしいのが，2系統の機能の入出力があることです．液晶パネルは電力を画面の光量に変換するエネルギー変換機能（機能①）と，上位システム（アンテナやPC）からもらった画像信号を，画面の画像として表示する（位置とRGB濃度を転写する）制御的機能（機能②）をもっています．

つぎに注目してほしいのが，製品全体の機能→サブ機能の関係が階層構造になっているということです．液晶パネル全体の機能を展開すると以下のようになります（ここでは技術の詳細は理解できなくても構いません）．まず，電源からの電力を線状の白色光に変換する「(1) 光源」と，線状の光を面状に展開して方向を90度曲げるための「(2) 導光板」と，光の振幅方向をそろえるた

3.2 機能定義

めの「(3) 偏光板」と，上位システムからの画像信号を受け取り，パネル面内の光を遮断する各位置に信号を送り届ける「(4) アレイ基板」と，アレイ基板からの遮断信号を受けて，その部分の光を90度偏光する「(5) 液晶層」と，白色光をRGB（赤緑青）の色に変換する「(6) カラーフィルタ」と，液晶層で偏光された成分を遮断する「(7) 偏光板」という七つのサブシステム（入出力を定義するとサブ機能）に分けられます．

また，たとえば「(1) 光源」は，「(1-1) 基板配線・ワイヤボンド」，「(1-2) パッケージ」，「(1-3) LED」，「(1-4) 蛍光体入り封止樹脂」などからなるとします（図示せず）．(2)～(7)のサブシステムも同様に，さらに下位のサブシステム（部品）からからなるわけです．

それぞれのサブシステムは入力と出力をもっており，サブ機能を構成します．また，サブシステムどうしはお互いにつながっていますので，あるサブ機能の入力は，前段のサブ機能の出力になっています．このような，サブ機能間の関係を数珠つなぎ（必ずしも一直線ではなく，分岐したり，結合したりする場合もあります）にしたものが，機能ブロック図です．

▶▶ スコーピング

大きなシステムの場合，サブシステムに分けて評価することが多いため，その評価対象を定める必要があります．前記の例では，「(1) 光源」や「(5) 液晶層」で設計・開発する部門や担当者が異なるような場合です．今，あなたは「(1) 光源」の設計担当で，効率や安定性を向上のために，あるいは原価低減のために，今回新しい「(1-3) LED」の設計アイデアを考えついた（あるいは購入品なら新しいメーカを見つけた）とします．液晶パネル全体や「(1) 光源」を試作するとなるとコスト的にも時間的にも大がかりになりますし，今回の変更点は「(1-3) LED」だけなので，大きな試作前に，LEDの設計パラメータ（材料や寸法など，購入品ならメーカや仕様など）をいろいろ変えて検討したいことと思います．その場合に，**2.4節**で挙げたような部品単位での機能性評価を行います．変更部分が「(1-3) LED」だけでなく，「(1-4) 蛍光体入り封止樹脂」

もある場合は，この二つをそれぞれ評価するよりも，上位システムの「(1) 光源」で評価したほうがよいかもしれません．このように，全体製品のなかから，設計・評価・改善などの対象とする部分を選択することを「スコーピング」といいます．

図表3.2.4.3 スコーピングの広い・狭いに対するメリット・デメリット

	スコーピングの範囲	
	広い（全体）	狭い（部分）
主な使用場面	製品全体の評価 最終確認，もれのチェック	基礎技術の研究 部分的な改良
メリット	お客様の立場（全体の機能）での評価を，少ない工数で実施できる．	原理原則（物理現象）まで踏み込んだ，ミクロな現象まで理解できる．
	サブシステムの技術統合が不要で，全体最適で改善ができる．	精緻で根本的な評価・改善が可能．
デメリット	マクロな現象（全体の入出力のみ）しか分からないので，現象がブラックボックスになる．	サブシステムごとの評価・改善が必要なため，工数がかかる．
	構成要素や制御因子が多く，試作やシミュレーションも大規模になるため，改善が複雑・困難になりやすい．	個々の技術を統合するのが困難．部分最適に陥りやすい．

では，このスコーピングの適切な範囲というのはあるのでしょうか．**図表2.3.4.3**の視点で，広い範囲，狭い範囲にした場合のメリット，デメリットを検討した上で，適度な範囲を設定してください．

まず広いスコーピングの場合です．製品全体や，大きなサブシステムが対象で，非常に複雑で部品点数が多い場合です．このようなスコーピングになるのは，最終的な製品評価，独立性の高いサブシステム全体の評価を品証部門，テ

3.2 機能定義

スト部門などがチェックする場合や,設計・開発を行う部門が製品全体で最適な設計を行う場合です.広いスコーピングのメリットとしては,まず少ない工数で,お客様の立場に立った評価ができることが挙げられます.なぜなら製品全体の機能は少数ですし,機能の表現は,お客様が欲しいものの出力やお客様がコントロールできる入力信号になっているので,お客様の立場に立った評価となるためです.また二つ目のメリットとしては,全体を見ながら評価しているため全体最適が狙えることが挙げられます.

一方デメリットとしては,製品全体のマクロな入出力しか現象が見えないため,悪かったときの原因が分かりにくく,改善が進みにくいということが挙げられます.また,製品全体ではサブシステムや部品が膨大,複雑なので改善そのものが困難,試作が大がかりになるなどのデメリットもあります.

つぎに狭いスコーピングの場合です.一人の技術者が検討できる範囲の小さなサブシステムや,今回変更する部品のみといった場合が当てはまります.特に研究寄りの技術者は,自分の手の内で検討できる小さなサブシステムのメカニズムを徹底的に理解・研究し,新しい改良のアイデアを考え,磨き上げていきたいという欲望をもっていることが多いと思います.製品全体も大切だが,自分の担当,専門範囲でチャンピオンの性能を追求したいのです.これは頭脳やリソースを重要なところに集中させて,原理原則に従ったミクロな現象まで追求して,差別化できるキーパーツを生み出していく,根本的な改善を図っていくという点ではメリットといえます.また検討範囲や担当を部分に分けて検討させるというのは,管理面からも分かりやすく能率的であると考えられています(実際,プロジェクトや開発組織はそのような構成になっていることが多い).

一方,デメリットもあります.個々に部分的な改善を行った場合,それぞれで評価するため全体の評価工数は大きくなります.また個々に改善,最適化したものが,全体として組み合わせたときにうまくいくかどうかも保証はないわけです.この部分の**技術統合**は難しい問題です.

最後に，部分に分けて評価する場合の留意点について述べます．まず，機能展開するときには，各サブ機能はできるだけ機能として独立性の高い単位に分けることが原則です．そうしておけば部分最適を集めたものは全体最適になりやすくなります．しかし多くの製品では一つのサブシステムや部品が，二つ以上の機能や役割を担っているような構成になっており，その場合にはあまりスコーピングを狭くしすぎて，部分の改善が他に悪影響を及ぼさないか留意する必要があります．二つ以上にまたがったサブ機能がある場合は，できればそれらの複数の機能を一つにまとめて評価したほうがよいのです．

　2点目は，機能展開を行った場合は，スコーピングしたサブ機能の前後の機能についても注意をはらうということです．自分が担当するサブ機能が入力として受ける信号は，一つ前のサブ機能の出力です．また自分が担当するサブ機能の出力は，一つ後のサブ機能の入力として受け取ってもらわなければなりません．対象としたサブ機能の設計を変更したときに，インターフェースとなる前後の機能に影響がないかを考慮しておけば，部分で評価しても間違いやもれは最小限で済むはずです．

　3点目は，サブ機能を評価，設計したあとは，その階層のサブ機能を組み合わせた上位システムの機能を評価して確認しておきます．**図表3.2.4.2**の例では，たとえば「(1-3) LED」を変更した場合は，上位の「(1) 光源」の機能で問題がないかを確認しておけばよいのです．これで，「(1-3) LED」が「(1-1) 基板配線・ワイヤボンド」，「(1-2) パッケージ」，「(1-4) 蛍光体入り封止樹脂」に与える影響がないのかどうかをトータルで確認したことになります．

　4点目は，機能展開した場合のサブ機能の入力は，必ずしもお客様の使用条件とはなっていないことです．サブ機能の入力は，その一つ前のサブ機能の出力であることが多いです．機能の入力を定義するときは「お客様が意図した入力」を考えるとしましたが，サブ機能入力を順々に左へ，上位へたどっていくと最終的には，全体の機能の入力であるお客様の信号につながることが分かります．

3.2.5 過渡状態での評価でさらなる効率化を

3.2.3項で機能の二つのパターン「エネルギー変換機能」と「制御的機能」を紹介しました。実際にその機能を評価するために，定義した機能の入力と出力を計測することになります。ここではさらに一歩進んで，定義した機能の計測に工夫を加えることでさらに良い評価を行う方法を説明します。**図表3.2.5.1**は，モータの機能性評価の様子を表現しています。

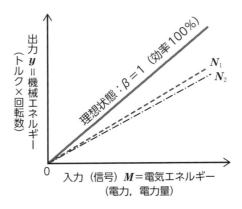

図表3.2.5.1 モータの機能性評価イメージ（定常状態）

モータは電気エネルギー（電力）と機械的な回転エネルギー（トルク×回転数）の変換で，典型的なエネルギー変換機能です。この場合，電気エネルギーを何水準か設定して，それぞれの電気エネルギーを入力したときの回転エネルギーを計測します（N_1条件）。また，ノイズ因子の水準を変更して（たとえばモータの劣化や，運転状態の違いなどを入れて），同様に入力である電気エネルギーを設定して，出力である回転エネルギーを計測します（N_2条件）。基本はこれでよいのですが，ノイズ因子の設定によっては，N_1条件とN_2条件の差があまり見えない場合があります。また設計を変えた比較対象間でSN比に大きな差が見られない場合もあります（特にエネルギー機能の場合は傾き（＝効率）は変化しにくいことに注意しましょう）。この場合，ノイズ因子をもっと

極端に振るということも考えられますが，あまり現実的でないところまで振ることはありませんし，実験上の制約（たとえば恒温室の上限温度，劣化のための試験時間など）があって実験ができない場合もあるかもしれません．

そこで，ここでは機能の入出力の計測方法を工夫して，N_1とN_2の差を顕著にしたり，比較対象間の安定性の実力をより顕著に見えるようにすることを考えます．上記の**図表3.2.5.1**の出力（回転エネルギー）は，入力（電力）条件を設定してから十分時間がたって[44]モータの回転が安定したときの値です．このような状態を「**定常状態**」といいます．モータの立ち上がりなどの現象が完了して，どの時間をとってもほぼ同じように回転している状態です．機能の入出力の計測方法としてはこれでよいのですが，定常状態のような安定な状態では，ノイズ因子水準N_1とN_2の差や，比較対象間での差が見えにくい場合があります．不安定な回転状態では実力に差があるにもかかわらず，安定な状態では差が見えなくなっているかもしれません．

そこで，定常状態ではなく，モータに電力を与えて，その回転が立ち上がる途中の現象を計測してさらに差をはっきりさせることを考えます．このような安定に至るまでの途中の状態を「**過渡状態**」といいます．過渡状態は非常に不安定な状態です．時間$t = 0$でモータに電力（とりあえず固定します）を急激に与えたとき，**図表3.2.5.2**のような波形が出たとします．モータが定常状態に至るまでは，このように立ち上がったり，オーバーシュート（出力が目標値を超える）したり，振動したりします．このような現象は非常に短時間に起こりますが，その一瞬の動きを計測しようというのです．

このような厳しい過渡状態であっても挙動がばらつかず，ノイズ条件の違いによっても差が小さいとすればどうでしょうか．急激な入力に対して追従できるということは，入力されたエネルギーがロスなく，スムーズに出力に変換されているということです．これは非常に安定した設計になっているといえま

---

[44] ここでいう「十分な時間」というのは相対的なものです．モータの回転が立ち上がり安定するまでに要する時間ですので，対象によって0.1秒なのか1分なのか変わってきます．また化学プラントのような対象であれば，十分時間は日単位になるかもしれません．

す．このように，急激な入力を与えて変化する出力の挙動を観察することで，定常状態では見えなかった，安定性の悪さやエネルギー変換のまずさが見えるようになることがあります．もちろん，過渡状態で安定しているものは，定常状態でも安定していることはいうまでもありません．

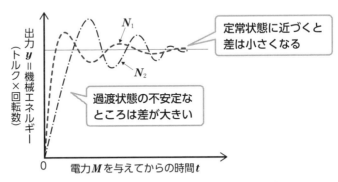

図表3.2.5.2 モータの機能性評価イメージ（過渡状態）

N_1（新品）とN_2（劣化後）の差が小さくても出力の差が顕著に見えるということは，劣化にかかる試験時間を短時間化することにつながりますので，評価時間をさらに短縮できます．図では電力Mがある値（1水準）の場合を示していますが，これをMの水準をいくつか変えて行います．

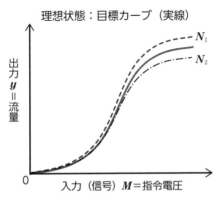

図表3.2.5.3 流量制御バルブの機能性評価イメージ（定常状態）

制御的機能の場合も同様です．3.2.3項の例3で示した流量制御バルブの場合でも，定常状態（**図表3.2.5.3**）ではなく，急激に指令値を変化させてそのときの出力（流量）の過渡状態（**図表3.2.5.4**）を計測することで，より安定性の差が顕著になります．これも指令電圧Mをいくつか変えて評価します．制御的機能は，信号Mの値に対してそれぞれ目標値があり，安定性が重要なため，信号水準Mを多くとることが重要です．

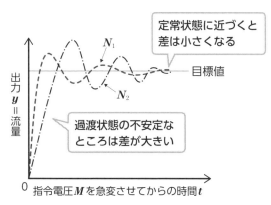

図表3.2.5.4 流量制御バルブの機能性評価イメージ（過渡状態）

さて以上の過渡状態の出力の例を見て分かるとおり，グラフは非線形の特性になります．この場合，**図表2.1.3.1**で示したような，入力と出力が比例するような関係での安定性の評価ができませんので，非線形な特性のためのSN比を用いる必要があります．これについては**3.4節**でお話ししましょう．

過渡状態の計測は一瞬，微弱，微小の計測となることが多いことから，より高度な計測技術が必要になりますが，そのような計測が可能な場合は，より感度の高い評価ができるということです．また，場合によってはそのような計測技術を開発するというところから必要になる場合もあります．レベルの高い話ですが，一つの方法として知っておくとよいでしょう．

3.1節・3.2節のまとめ

- [ ] ギヤの機械エネルギー伝達機能の例では，ギヤの機能の理想状態に近づけることで，エネルギーロスが少なくなり，省エネになるとともに，騒音や発熱といった公害のもとになる副作用がまとめて小さくなる．

- [ ] 機能で考えるメリットは，①お客様の広い使用範囲で評価が可能であること，②変化が大きく・速く表れやすく，評価短時間化につながること，③パラメータ設計を実施する上での土台として重要であること．

- [ ] 機能定義のマル秘テクニック

  ● ステップ1：機能の基本公式

  ［①対象：　　　　　　　］の機能は，

  　　お客様が意図した［②入力：　　　　　　］に応じて，

  　　　お客様が欲しい［③出力：　　　　　　　］を得る．

  ● ステップ2：機能表現の二つの型

  【パターン1】

  入出力の変換効率が重視されるような「エネルギー変換機能」．

  モータ，エレベータ，扇風機，太陽電池，エアコンなど．

  【パターン2】

  お客様の意図，信号，指令などに応じて，結果をコントロール

  する「制御的機能」．

  成形システム，画像システム，流量調整バルブ，センサなど．

- [ ] エネルギー変換機能と制御的機能とでは，機能の入出力の変換係数（傾き）の意味がまったく異なる．エネルギー変換機能の変換係数は，エネルギー伝達効率（理想状態は100％と明白）であり，1％の向上に多くの技術的な努力が必要．制御的機能の変換係数は，製品ごとに目標値は異なるが，基本的には任意であり，その値の調整は比較的簡単な技術的手段で行える．

3.3 ノイズ因子

3.3.1 いろいろイジメたときに本当の実力が分かる

2.1節で機能の安定性評価の手順を説明しました．3.2節で機能の定義を実施しましたので，つぎはノイズ因子の設定を行います．手順としては，「機能」の入出力関係が変動する，乱れる，ばらつくような，主に**出荷されてからの製品使用段階**[45]**での要因**＝「**ばらつき要因**」を多数検討して取り上げます．つぎに「ばらつき要因」のなかから重要な要因として「ノイズ因子」を選択して，その条件を組み合わせます．つまり使用段階に近い複合的な条件を作ります．組み合わせた「ノイズ因子」のもとで，対象の機能がどれくらい変動するのか，ばらつくのかを観察して定量化します．変動が大きければ，製品使用段階での実力が弱いということです．

電球の機能は，電気エネルギー（電力）を光エネルギー（光量）に変換することでした．理想的な関係はゼロ点を通る比例関係です．良品として出荷された新品状態の電球は，効率100％ではないものの，ある試験条件で規定の出力をもつという検査の規格をパスして出荷されます．この初期の特性のとおりまったく変化がなく光り続ければクレームは起きません[46]．しかし，どのような製品でも外部環境や使用条件による特性変化や，長期使用によって特性が劣化します．この変化の度合いが「我慢の限界」を超えるとクレームになります．クレームがなくても次回購入時からはメーカを変更するかもしれません．長期的に見ればそのようなメーカは衰退していくでしょう．したがって，我々メーカの技術者は，お客様のさまざまな環境条件や使用条件を想定して，それらの

---

45 正確には，製品が出荷されてからお客様の手にわたるまでの，輸送や保管における要因も含みます．輸送中の振動や，保管中の高温高質環境などがケアすべき要因です．

46 初期の電球の明るさがどれくらいで，消費電力がいくらかなどの初期特性は，カタログの記載や，店頭での製品のチェックなどで知ることができますので，クレームが発生するのは使用段階での変動や故障が主な原因ということです．

3.3 ノイズ因子

組み合わせ条件のもとで特性変化の少ない安定で妥当な寿命をもつ製品を設計して，提供する必要があります．

ばらつき要因はたくさんあるので，主に**環境条件，使用条件，劣化**に分けて考えるとよいでしょう．ではここで，電球におけるばらつき要因を列挙してみましょう．一般的なばらつき要因については，次の項で紹介します．

演習3.3.1

電球（ガラス管，フィラメント，口金など）について，その機能（電力を光量に変換する）の関係を乱すような，ばらつき要因を挙げてみましょう．

①お客様の環境条件（外部からどんなストレスにさらされるか）
例）高温に長時間さらされる

_____
_____
_____

②お客様の使用条件（どんなときに，どんな使い方で）
例）連続点灯で使用

_____
_____
_____

③長期使用などによって劣化する部分（電球自体の変化）
例）口金の腐食（さび）

3.3.2 ノイズ因子の抽出は四つの分類で 〜特性要因図〜

　ばらつき要因を考える際に，「**外乱**」と「**内乱**」という区別を知っておくと便利です．

　外乱とは製品の外側からくるばらつき条件のことで，①環境条件や②使用条件のことです．機能を乱れさせる，ばらつかせる「大本の原因」となるものです．①**環境条件**の例としては，環境温度の違い（いわゆる温度特性），環境湿度の違い，振動や衝撃，腐食性のガスの存在，過電流の印加などがあります．自動車のように路面との接触を考えた場合に，路面の摩擦係数の違い（ドライなのかウエットなのか）も該当します．また，②**使用条件**は製品によってさまざまですが，たとえば自動車の場合の例としては，渋滞が多い町中での走行なのか空いている高速道路での走行なのか，毎日乗るのか週末にしか乗らないのか，同乗者は助手席に乗っているのか後部座席に乗っているのか，エアコンやライトは使用しているのかどうかなどが挙げられます．外乱は，その製品を使用するシーンをできるだけたくさん想定して，さらにはお客様が実際に使用するところを観察して，たくさんのばらつき要因を挙げるようにしてください．

　つぎに内乱です．**内乱とは製品が外乱にさらされることによって，製品の内部で起こる変化のこと**です．外乱を原因とすれば，内乱はそれによって起こる

3.3 ノイズ因子

製品内部の結果です（機能の出力の変化・変動という意味ではありません）．たとえば，外乱である環境温度が高温の場合は，部品は膨張して寸法が変化したり，硬度が下がったりします．また電気回路の場合は抵抗素子の抵抗値が大きくなります．このような寸法や硬度などの物性値の変化や，素子の特性変化などを内乱といいます．内乱を考える際には，必ずしも外乱から考える必要はありません．製品内部の材料や部品が，どう変化し得るかを考えていけばよいのです．原因である外乱はとりあえず考える必要はありません．寸法が変化する原因は，温度変化でも摩耗でも腐食でも結果が同じであれば区別しなくてよいのです．内乱が発生することで，特性が悪い方に変化する場合，「**劣化**」という現象が発生します．内乱が発生しても，製品の機能には悪影響が起こらないような設計にしておければ，丈夫で長持ち，どんな条件でも安定して使用することができるわけです．

このようにばらつき要因を列挙する際には，基本的にはお客様が使用する段階での要因を取り上げます．しかし評価の目的によっては，**製造ばらつき**（製品個々が新品状態でもっているばらつき，購入部品のばらつき）も要因として取り上げたい場合があるでしょう．製造ばらつきに対して機能が安定している製品は，新品の製品の特性が揃いますので，製造工程内の不良品（不適合品）が少なくなります．そのような製造ばらつきは，製品内部に個々がもっているものですので，内乱に分類されます[47]．

図表3.3.2.1に代表的な外乱と内乱を列挙しました．これをベースに，みなさんの扱う製品用に外乱と内乱をカスタマイズしてみてください．このようなリストを作っておくと，ノイズ因子の抽出以外にも，デザインレビューにおけるチェック項目として使用できますので，製品分野ごとにブラッシュアップしておくとよいですよ．

---

[47] 使用段階の内乱は時間的な変化，製造段階の内乱は個体間の差といえます．

図表3.3.2.1 　ばらつき要因例の外乱・内乱分類

分類1	分類2	ばらつき要因の例
外乱	環境条件	・温度（保管温度，使用時の環境温度，自己発熱による温度上昇，温度サイクル，高温または低温環境放置） ・湿度（使用時の環境湿度，湿度サイクル，高湿または低湿環境放置，結露） ・機械的ストレス（振動・衝撃・圧縮・引張・曲げ・荷重・せん断，加速度） ・化学的ストレス・空気質（薬品，腐食性ガス，酸素，オゾン，塩害，カビ，ウイルス，微生物） ・光・電磁ストレス（紫外線，赤外線，電磁波，放射線，サージ，過電圧，過電流，放電（コロナ，アーク），トラッキング，雑音） ・天候（雨，雪，ひょう，強風，酸性雨，雷，気圧） ・異物（塵埃，虫，小動物，導電性異物，絶縁性異物） ・インターフェース（路面の摩擦係数：自動車の場合） ・外部システムの影響（入力エネルギー変動，負荷変動） ・上記ストレスのモード（静的，動的，繰り返し頻度・回数など）
	使用条件	・使用頻度（連続動作，間欠動作，めったに使用しない） ・据え付け方向（垂直，水平など） ・ユーザの属性（性別，体重，熟練度など） ・運転条件（定格条件，短時間高負荷条件など）
内乱	変動や劣化	・空間的変化（寸法の変化，位置の変化，ギャップの変化） ・特性的変化（ヤング率，硬度，強度，電気抵抗，静電容量，増幅度，原点位置，絶縁性，反射率，透過率，屈折率，気密性などの変化） ・致命的現象（短絡，停止，発火，共振などの非連続な変化） ・上記の引き金となる現象（腐食，酸化，摩耗，ねじのゆるみ，ガタ，クリープ，マイグレーション，チャタリング，フレッティングなど） ※これらは順次，玉突き現象を起こす． （例：腐食→ねじのゆるみ→ギャップの変化→気密性の変化）
	製造ばらつき	・個体ばらつき，ロット間ばらつき ・寸法ばらつき，材料物性ばらつき ・個体内のばらつき（面内ばらつき，凹凸，反り，まだらなど） ・作業ばらつき（組み立てばらつき，加工ばらつき） ・購入品の特性ばらつき（寸法，物性など）

3.3 ノイズ因子

　実際にばらつき要因を考えて列挙する際に，**図表3.3.2.2**のように外乱（環境条件，使用条件）と内乱（寸法・特性変化，製造ばらつき）に分けて整理していきましょう．このような図を**特性要因図（フィッシュボーン）**といいます．図を見ながら多くの人の意見を出し合うと，知識が共有されるだけでなく，抜けやもれに気が付きやすくなります．「それならこういう条件もあるだろう」「その外乱を考えるなら，こういう内乱も発生するだろう」というように，芋づる式に要因が増えていきます．

　特性要因図を作成にするにあたり2点留意してください．1点目は，<u>**多くの人の目で見る**</u>ということです．特に，設計者だけでなく，お客様に近いところにいる営業や技術サービス，品質保証部門の意見も取り入れるようにしましょう．できればお客様が製品を使用する現場を見に行くほうが望ましいです．「え？そんな使い方があるの？」と新しい発見があるかもしれませんよ．

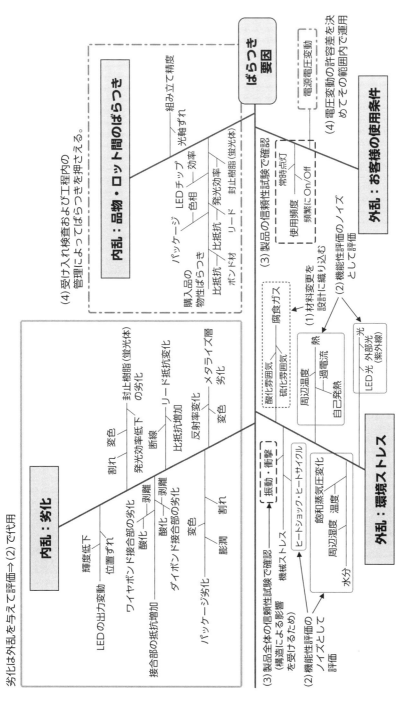

図表 3.3.2.2　特性要因図の例

3.3 ノイズ因子

2点目は「これはほとんど影響がないだろう」と**最初から取り上げるのをやめることはしないということです**．お客様の使い方として想定できるものはどんどん取り上げます．その要因について対策が必要かどうかは後で判断します．

項目が多数になってくると，**図表3.3.2.2**のような形の特性要因図は使用しにくいので，表計算ソフトなどで階層構造を作って，自由に行の追加や挿入ができるようにするとよいでしょう（**図表3.3.2.3**）．次節に出てくる，ばらつき要因の分類に関するコメントなども書き込みやすいですね．

図表3.3.2.3 特性要因図の例（表計算ソフトによる階層構造）
※ばらつき要因への対応方法の分類については3.3.3項参照

分類1	分類2	分類3	分類4	対応方法
外乱 (環境ストレス)	機械ストレス	振動・衝撃		(3)製品全体の信頼性試験
		ヒートショック・ヒートサイクル		(2)機能性評価のノイズ因子
	水分	周辺湿度		(2)機能性評価のノイズ因子
		飽和蒸気圧変化	温度	(2)機能性評価のノイズ因子
	腐食ガス	酸化雰囲気		(1)材料変更を設計
		硫化雰囲気		(1)材料変更を設計
	熱	周辺温度		(2)機能性評価のノイズ因子
		自己発熱	過電流	(2)機能性評価のノイズ因子
	光	LED光		(2)機能性評価のノイズ因子
		外部光(紫外線)		(2)機能性評価のノイズ因子
外乱(使用条件)	使用頻度	頻繁にOn/Off		(3)製品全体の信頼性試験
		常時点灯		(3)製品全体の信頼性試験
	電源電圧変動			(4)許容差の範囲で使用
内乱(劣化)	LEDの出力変動	輝度低下		(2)劣化は外乱を与えて評価
		位置ずれ		(2)劣化は外乱を与えて評価
	接合部の抵抗増加	ワイヤボンド部	酸化	(2)劣化は外乱を与えて評価
			剥離	(2)劣化は外乱を与えて評価
		ダイボンド部	酸化	(2)劣化は外乱を与えて評価
			剥離	(2)劣化は外乱を与えて評価
内乱(品物・ロット間)	組み立て精度	光軸ずれ		(4)受け入れ検査・工程内管理
	購入品の特性	パッケージ	色相	(4)受け入れ検査・工程内管理

3.3.3 ノイズ因子はこう選ぶ

　特性要因図にばらつき要因を列挙できたら，つぎにこれらの要因からノイズ因子として採用すべきものを抽出します．ばらつき要因のすべてを組み合わせて機能性評価を行うことが現実的でないからです．一方で，重要な因子がもれないようにすることが重要ですので，絞りすぎるのも良くないのです．機能性評価に必要とされる，お客様の使用条件を代表できるようなノイズ因子を複数選び，それらを組み合わせて極端ないじわる条件を作っていきます．

　なお，ここではまず実物での評価実験を想定して，外乱を中心としたノイズ因子抽出方法のガイドラインを示します．

▶▶ ノイズ因子の抽出方法ガイドライン

ルール1 ：機能への影響が大きいと考えられる外乱を選択する

　高温に放置しても大丈夫か，衝撃を与えても大丈夫か，というような心配事項は，それによって機能への影響があると考えている証拠です．環境に存在してもほとんど影響を与えない要因もたくさんありますが，それが意識に上がらないのは，影響が小さいかまったくないと考えているからです．また単一では影響がなさそうに見えても，組み合わせで影響が大きくなるものもあります．どのような要因が影響が大きいかは製品によって異なりますし，製品を設計した設計者が一番よく知っているはずですので，自分で考えたり調べたりするしかありません．一般的な電気・機械機器では，高温高湿（熱と水分），腐食ガス，振動・衝撃（ヒートショック含む）などが取り上げられることが多いです．図表3.3.2.1を参考にチェックしてください．そのほか製品特有のものがないか考えてみましょう．

ルール2 ：さまざまな内乱を発生させる外乱を選択する

　環境温度の違い（低温条件，高温条件を常温条件と比較）は，さまざまな内乱を発生させられる外乱の代表的なものです．環境温度が変化すると，高温で

3.3 ノイズ因子

は部品寸法の膨張，腐食などの化学変化の促進，電気抵抗値の上昇，樹脂などの軟化，などなど多様な内乱が発生します．このような外乱は1種類でいろんな変化を起こしますので，評価の網羅性という意味では重要な因子となるわけです．特性要因図で取り上げた要因のうち，多くの内乱に影響を及ぼすと考えられるものをピックアップしましょう．

ルール3 ：3Hにかかわる要因を選択する

3Hとは，「初めて」，「変化点」，「久しぶり」の頭文字をとったものです．「初めて」は，これまで気にしておらず今回初めて取り上げた要因です．評価した経験がないわけですから，ノイズ因子に採用する候補となります．「変化点」は2種類あります．製品側の変化点とお客様の使用条件・使用環境の変化点です．製品側である部品を金属から樹脂に変更した，となるとこれまで不要であった溶剤に対する耐性を評価する必要があるかもしれません．製品側に変更がなくても，製品の仕向け先や用途が変わった場合は，これまでケアしていなかった因子についてケアする必要が出てきます．「久しぶり」は今回の製品評価が久しぶりであるということで，長い年月の中で変わっていること，忘れていることなどがあるかもしれませんのでその点にも注意するということです．

ルール4 ：使用条件は振りやすいものが多いので積極的に取り上げる

実物実験で外乱を与えるというのは，設備が必要ですし，準備や試験にもそれなりに時間もかかることが多いものです．手間がかかるから評価から省いてよいというわけではありませんが，有効な因子のなかで条件を振りやすいものは積極的に取り上げて，評価の網羅性を上げておくという考え方は成り立ちます．温湿度や振動などの劣化系の外乱に比べて，お客様の使用条件の外乱は条件の設定が簡単なものが多い傾向にあります．ランプの場合であれば，高温で劣化させるには恒温槽で一定時間の試験が必要ですが，ランプの姿勢（垂直に取り付けるか，水平に取り付けるか）や，スイッチ頻度（常時点灯なのか，頻繁にスイッチングするのか）といった使用条件は比較的簡単に条件を変更でき

るということです．積極的に取り上げて組み合わせてみましょう．

　以上のガイドラインをもとに，ノイズ因子を取り上げてください．網羅性を考えると因子は多いほど良いわけですが，実験の効率や実現性を考えると数因子〜10因子前後というところです．ノイズ因子には特性要因図上で特定の印（**図表3.3.2.2**では太い実線囲み）をつけるなどしてノイズ因子と分かるようにしてください．<u>ノイズ因子として選定した理由</u>も残しておくと，レビューのときに分かりやすいですし，この次の評価を再検討するときにも参考になります．これで，ノイズ因子の「種類」が決まったことになります．

▶▶ ばらつき要因への対応のガイドライン

　ノイズ因子として取り上げなかったばらつき要因が多数残っていると思います．これらは，何らかの理由でノイズ因子に取り上げなかったわけですが，対応をとる必要があるものも残っています．そこで，残ったばらつき要因については，それぞれどのように対応をとるのかも検討しておきます．どのような対応をとるべきかの分類は**図表3.3.3.1**のとおりです．

対応1 ：設計に織り込む

　図表3.3.3.1の番号1〜5は設計・開発の上流から対応がとれる順に並んでいます．まず，ばらつき要因の発生や影響に関する机上の検討で，「これはまずいぞ」と分かるものがあるかと思います．その場合は，「設計に織り込む」というかたちで対応をとります．製品が腐食性ガス環境に晒されることが分かっており，かつ腐食しやすい材料が使われていることが分かっている場合は，何らかの対策を設計で織り込んでおく必要があります．腐食しにくい材料に変更したり，コーティングで防御したり，あるいは腐食性ガスが製品内部に入ってこないような構造にしたりというようなことです．そのほか，周囲温度変化に対する影響を補償したり，壊れやすいところや重要なところは冗長系（並列にして片方が壊れても機能し続けるしくみ）を採用するなどです．これ

3.3 ノイズ因子

らのように「ばらつき要因そのものに対する対策」を信頼性設計といいますが，さらに高いレベルの設計として，ロバスト設計があります．ロバスト設計では，たとえ外乱・内乱が発生したとしても，製品の機能だけは安定して働き続けるような設計のことです．品質工学におけるパラメータ設計はロバスト設計を実現する一つの方法です．

対応2 ：機能性評価のノイズ因子として採用

つぎに，現状の情報や技術力では，あるばらつき要因について影響がよく分からない場合があり得ます．また，単独の要因では問題ないが，要因を組み合わせたときの影響が読みきれないという場合もあります．そのような場合，設計・開発の上流段階で機能性評価を行うことで，設計リスクの見える化を未然に行うことができます．そのときに用いるのがノイズ因子です．できるだけこの段階で「分からないこと」をクリアにしておく必要があります．これは，製品試作後の信頼性試験で手戻りを発生させないためです．

対応3 ：信頼性試験で確認

機能性評価ではなく信頼性試験で確認する場合として以下が挙げられます．

①製品全体でないと確認が難しい要因の場合：この場合，製品全体が完成していない設計・開発の上流段階で機能性評価を行うことができません．

②過去に十分な実績があり，信頼性試験で確認すれば十分な場合：リスクが少ない要因については手戻りの可能性が低いので，最後に1回だけ実施する信頼性試験での確認でよいことになります．

③材料単体，部品単体の信頼性のデータが入手できる場合：材料や部品固有のリスクとなるような要因については，材料単体，部品単体での信頼性が確保されていれば安心です．試験を行うほか，材料メーカ，部品メーカに問い合わせて信頼性のデータを入手して確認する場合もあります．

いずれにしても，信頼性試験は長期の時間が必要となりますので，ここで手戻りしないようにすることが重要です．安易に，「製品の信頼性試験で調べれ

ばいいや」と後回しすることがないようにしてください.信頼性試験を設計の
バグ出しに用いないことです.

対応4 :製造工程で管理

　信頼性試験をパスしたものは量産移行となり,製品を製造し始めますが,製造ばらつきに関するばらつき要因については,製造段階で管理する方法が取られることが多いです[48].公差を与えての管理,検査による選別,作業者の教育などを実施します.いわゆる工程内の「品質管理」の問題です.より本質的な方策として,工程能力(どれくらいばらつきなく規格内のものが作れるかの指標)を改善するために,設備やプロセスが安定するような設計も重要です.

　ここで注意してほしいのは,製造ばらつきへの対応は,安定な製品設計を行ってから実施するということです.不安定な設計では許容される公差は厳しいものになりますし,作りにくく,不良品も多く発生します.製造ばらつきが少々あっても,しっかり安定して機能するような製品を設計することが重要です.

対応5 :注意喚起・使用制限など

　製品が出荷されたあと,お客様の使用条件や使用環境に対して,すべて設計や製造管理で対応することは不可能です(電子レンジで猫を乾かそうとした人もいるとか…).無理な使い方や,お客様の無知からくる使い方などに対しては,マニュアルや表示類で注意喚起を行ったり,使用制限を加えたりします.これは安全上の配慮[49]でもあります.

対応6 :何もしない

　対策の分類は以上の5分類ですが,ばらつき要因として取り上げたものの,

48　製造段階の管理はコストアップにつながりますので,製造段階で管理する以前に,ロバスト設計で製造ばらつきに強い設計にしておくことが望ましいのです.

49　本書では詳しく触れませんが,機能が安定するような設計のほかに,安全に壊れる(機能が停止する)ための安全設計も行う必要があり,ともに重要です.安全設計とはたとえば,過電流が流れたときに発火しないようにヒューズが切れるような設計のことです.

ほとんどそれが発生しないか，発生してもほとんど機能に影響がないと判断できる場合は，対策をとらないことになります．ただし，その要因はリストから削除せず，「影響なしと判断したこと」が分かるように見え消しして残しておいてください．これは，次回以降の設計再検討の際に，お客様の使用条件が変わったり，仕向け先が変わったり，製品に低コスト材料を用いたりした場合に，再度浮上してくる可能性があるためです．次の設計時は担当者が変わっているかもしれませんので，「今回影響なしと判断した」ことを後進に残しましょう．

図表3.3.3.1　ばらつき要因への対応の種類

	ばらつき要因への対応	説明
1	設計に織り込む	評価・試験前の机上検討で，機能への影響が見えている場合は，その対策を設計に織り込む．（例）腐食環境の影響が大きいので，腐食しにくい材料に変更，コーティング等による防御，腐食ガスが侵入しにくい構造にする．温度変化に対する補償．冗長系，等．
2	機能性評価のノイズ因子として採用	影響が未知の要因はできるだけ上流で，機能性評価によるリスクの見える化を行うことが望ましい．ノイズ因子は組み合わせて与える．
3	信頼性試験で確認	全体でしか評価できない，過去に実績がある，個別に信頼性データがあるなどの要因は，信頼性試験で確認することになる．ここで手戻りをしないように要素（材料や部品）の信頼性は確保しておく必要がある．設計のバグ出しに使用しない．
4	製造工程で管理	製造ばらつき（4M：材料，作業者，設備，方法）については公差を与えての管理，検査による選別，作業者の教育などを実施．工程の安定化のための設計も実施．
5	注意喚起・使用制限など	動作保証できない使い方・条件については，マニュアル等に注意喚起，使用制限の表示を行う．
6	何もしない	ばらつき要因として取り上げたものの，ほとんど発生しないか，発生してもほとんど機能に影響がない場合は，対策をとらない．ただし，その要因はリストから削除せず，「影響なしと判断したこと」が分かるように残しておく．

3.3.4 ノイズ因子の厳しさの決め方

　前項までで，多数のばらつき要因を抽出してノイズ因子の「種類」が選択できました．たとえば，「P：高温放置（による劣化）」，「Q：ヒートショック（による劣化）」，「R：振動（による劣化）」，「S：高温高湿環境（による劣化）」，「T：環境温度（の違い）」の5因子と決めたとします．これらはいずれも外乱で，実物を用いた評価を想定しています．

　これらのノイズ因子について，どれくらいの**厳しさ**で評価すればよいかを決める必要があります．たとえば「T：環境温度（の違い）」の場合ですと，何℃から何℃まで温度を振って評価するのか，ということです．機能性評価ではほとんどの場合，ノイズ因子の条件を連続的に変化させてデータをとることはしません．たいていの場合は2条件です[50]．特殊な場合として，環境温度では，低温と高温の2条件と，プラス比較用に常温の条件の3条件です．このような，ノイズ因子の厳しさを表す個々の設定条件のことを「**水準**」といいます．前記の環境温度は3水準です．仮に，環境温度を，−20℃（低温），＋20℃（常温），＋60℃（高温）と3水準設定したとします．このときのそれぞれの水準を，第1水準（−20℃），第2水準（＋20℃），第3水準（＋60℃）といいます．環境温度の因子の記号がTなので，各水準をT_1，T_2，T_3といった記号で表すことも覚えておいてください．

　さて，ノイズ因子の一つ一つについて水準を決めていきますが，2水準の場合は，「**端と端の極端な条件」を設定する**ことになります．先の環境温度の場合，低温の端と高温の端を設定したのです．この場合の水準の値は以下のように考えます．

50　信号因子の水準と異なり，ノイズ因子の場合は2水準で設定することが多いのです．条件の設定や変更に手間やコストがかかるということもありますが，2水準あれば機能の安定性の状態は評価できるからです．たとえば振動環境負荷の場合は，負荷なしの条件と厳しい目の条件の2通りを行ってその差を比較すれば十分なのです．なぜなら，その中間の条件というのは，前記の2条件の間に入るような条件ですので，たくさんデータを取ってもそれほど情報が増えないのです．端と端の2条件を評価することでばらつきの範囲は把握できますので，費用対効果を考えると2水準が効率的です．

3.3 ノイズ因子

▶▶ 外乱の場合の水準値の決め方のガイドライン

決め方1：お客様の使用条件の下限と上限

　ノイズ因子の水準値の基本はやはり，お客様が実際に製品を使用する場合の環境条件，使用条件です．どのような範囲で使用するのかを想定，調査してその上限と下限を設定します．先の環境温度のように上限も下限も標準的な条件（常温）よりも厳しい場合は，標準的な条件も加えて3水準とします．劣化に関係するノイズ因子の場合は，標準条件を新品（劣化なし），厳しい側の条件を劣化後として2水準で設定します．「P：高温放置（による劣化）」の場合，新品の状態が第1水準，高温放置○時間後が第2水準なります．

決め方2：壊れ方が変わらない範囲で厳しくする

　決め方1の方法で，お客様の使用条件の上限と下限に水準を決定しましたが，より差を顕著にするために，実際の使用条件よりも少し厳しい条件で評価してもよいのです．たとえば，環境温度の実際の範囲が−20℃〜＋60℃の場合に，上限と下限を仮に10℃ずつ広げて，−30℃〜＋70℃で評価してもよいのです．機能性評価は特定の条件に対する試験（−20℃や＋60℃で正常動作するかどうか）ではなく，対象どうしの相対比較です．より早く差を明確にするためには，実際より少し厳しい条件で比較することも考えるのです．

　ただしこの方法の場合，留意する点が一つあります．それは，水準値を広げることで，壊れ方や劣化の仕方が変わらないようにすることです．温度を広げれば厳しくなるからといって，樹脂が溶けてしまうような高温では意味がありません．

決め方3：信頼性試験の加速条件を流用（試験時間以外）

　高温や高湿環境への放置の場合に，従来の信頼性試験では，市場で使われる条件をそのまま試験するのではなく，温度や湿度の条件を厳しくして，実際の製品使用時間よりも短い時間で試験する方法として加速試験があります．たとえば，実際の平均的な使用環境が温度30℃，湿度50％RH（相対湿度）である

場合に，85℃，85％ RHの環境で試験することで，実際の使用時間の何分の1かの時間で試験を行います．試験時間に対して実使用時間が何倍に相当するかを加速係数といいます．加速係数は信頼性工学の理論で求めますが，ここでは既存の信頼性試験の条件があれば，それを製品に対するいじわるな条件として流用します．ここで，「信頼性試験と機能性評価は異なるものだし，そもそも複雑さや時間の壁の問題があるのでは」と疑問が出てくるかもしれません．しかしそうではなく，ノイズ因子の一つに信頼性試験と同じ温度や湿度の条件を用いたとしても，ノイズ因子を組み合わせて評価することで複雑さの壁はクリアできるのです．また，劣化のための試験時間も信頼性試験のように故障するまで，あるいは規定の長時間行うのではなく，比較対象で差が分かる程度まで劣化させればよいのです．信頼性試験の基準が2000時間の場合でも，ノイズ因子の条件としては200時間でよい場合もあります．

　以上のガイドラインに沿ってノイズ因子の水準を決めた例を**図表3.3.4.1**に示します．水準の決定理由も書いておきましょう．

　ここまでは実物での評価を想定して，外乱の水準値の決め方を説明してきました．では，内乱はどのようなシーンで使用し，**内乱の水準値**はどのように決めればよいのでしょうか．内乱は，外乱という原因を必ずしも想定せずに部品単位で設定できますので，評価の網羅性や未然防止の効果という意味では強力です．しかし，実物での評価実験で内乱を与えるというのは，実際にやってみると難しいことが多いのです．その理由はノイズ因子の水準の差というのは，通常ではばらつきの大きさ程度の差ですので，そのような寸法や物性値の差を正確にサンプルに作りこむのは難しいか，かなりのコストがかかるのです．加えていえば，次項で説明する「ノイズ因子の調合」が，内乱においては成立しにくく，ノイズ因子の組み合わせが（実物実験としては）多くなるという問題もあるのです．

3.3 ノイズ因子

図表3.3.4.1 ノイズ因子の水準設定例（外乱）

記号	因子名	水準1	水準2	水準3	水準設定根拠
P	高温放置	劣化なし	100℃・24h		実使用条件に対する加速試験の条件を使用．ただし試験時間は規定の1/10で差を相対比較する．
Q	ヒートショック	劣化なし	$-40℃\sim+125℃$・50サイクル		実使用条件に対する加速試験の条件を使用．ただし試験時間は規定の1/10で差を相対比較する．
R	振動	劣化なし	1G・100Hz・1h		実使用条件に対する加速試験の条件を使用．ただし試験時間は規定の1/10で差を相対比較する．
S	高温高湿環境	劣化なし	85℃・85％RH・200h		実使用条件に対する加速試験の条件を使用．ただし試験時間は規定の1/10で差を相対比較する．
T	環境温度	$-30℃$	$+20℃$	$+70℃$	実使用環境$-20℃\sim+60℃$に対して壊れ方が変わらない範囲で，低温，高温とも10℃ずつ条件を厳しくした．

では内乱はどのような場合に用いるのでしょうか．最も有効な使いどころとしては，コンピュータを用いたシミュレーションで設計や機能性評価を行う場合です．コンピュータシミュレーションでは，寸法やヤング率のような物性値，電気回路の抵抗値などの定数を設定できますが，そのばらつきである内乱も簡単に設定して評価することができるのです．電気回路の中に10Ωという抵抗があったとします．抵抗値の環境温度の影響を設定するのに，シミュレーションでは温度を与えて抵抗値を変化させることは普通はしません．そのような挙動をモデリングするのは面倒だし目的にかなわなので，温度変化によって抵抗値がどれだけばらつくかという知見に基づいて，抵抗値そのものを変化させます．たとえば，環境温度の上限と下限で抵抗値が10Ω±5％変化するとすれば，9.5Ω～10.5Ωに変化するわけです．実物実験で，ちょうど9.5Ωと10.5Ω

の抵抗器を準備するのは大変です（なにしろ，回路の中はそのような部品がほかにも膨大にあるのですから）．しかしシミュレーションではその値に設定するだけです．しかも，抵抗値が±5％変化するという結果は，環境温度の変化という原因に限りません．他の外乱や抵抗値の内部的な劣化によって抵抗値が変化する場合についても，考慮されているわけです．

　ではそのような内乱の水準値はどのように決めればよいのでしょうか．外乱と同じように，実際に製品を使用した場合の変化量が想定できるのであればその値を設定します（あるいは壊れ方が変わらない範囲でそれより少し厳しく振ります）．しかしたとえば抵抗値の変化は，環境温度変だけでなく，いろんな外乱（原因）によって起こるわけですから，複雑な市場環境条件から内乱の振れ幅を想定するのは通常は難しいのです．また，シミュレーションモデルの中には，変化させるべき内乱がたくさんありますので，一つ一つ実際の振り幅を検討するのは現実的ではありません．

　ここで，機能性評価が**相対比較**であることを思い出してください．内乱のふり幅が実際と多少異なっていても，同じように振った内乱に対して，機能が安定しているのかどうかを相対比較できればよいのです．したがって，内乱の振り幅が想定できないほとんどの場合では，**すべての内乱に対して±5％などの一律の変化率を与えて水準を作ればよい**のです．内乱に一律±5％のばらつきを与えて，機能の安定性がどうなのかを相対比較すれば，より良い設計を選択することができます．外乱の場合と同じように，あまり大きく振りすぎてしまうと壊れ方が実際と異なってしまうおそれがありますので，注意してください．シミュレーションは計算ですので，どれくらいの振り幅が妥当なのかは，いろいろとトライしてみるとよいと思います．シミュレーションではほとんど実験誤差がありませんので，小さい振り幅でも差が評価できることが多いはずです．**図表3.3.4.2**に内乱の水準設定例を示します．

図表3.3.4.2　ノイズ因子の水準設定例（内乱）

記号	因子名	水準1	水準2	水準設定根拠
R_1	電気抵抗1	標準−10%	標準+10%	部品ばらつきおよび環境による影響，劣化などが加わった場合の最大の振れ幅を想定
R_2	電気抵抗2	標準−10%	標準+10%	同上
…	…	…	…	…
C_1	静電容量1	標準−20%	標準+5%	下限は部品ばらつきおよび環境による影響，劣化を考慮．容量の上昇は想定せず，上限は部品ばらつきのみ．
…	…	…	…	…
V	電源電圧	標準−10V	標準+10V	電源電圧の上下限を想定
…	…	…	…	…

3.3.5 ノイズ因子の組み合わせ方

これでノイズ因子の種類と水準が決まりました．機能性評価においては，ノイズを組み合わせて複合的な条件とする必要があります．いい換えれば，ノイズ因子の一つ一つについて評価を行うのではないということです．たとえば，**図表3.3.4.1**の場合，ノイズ因子が五つあり，それぞれ2，2，2，2，3水準の条件を設定しています．これらの水準をすべて組み合わせると，2×2×2×2×3＝48通りになります．ノイズ因子数が多くなるとすべての組み合わせを実物の評価実験で実施するのは現実的ではありませんので，以下の方法で条件を絞り，特定の水準の組み合わせで評価を行います．

▶▶ノイズ因子の組み合わせ方のガイドライン

組み合わせ方1：**全通りの組み合わせを実施する**

ノイズ因子数が少ない場合，すべての組み合わせを実験することができます．**2.3節**のギヤードモータの評価事例では，ノイズ因子は劣化と回転数の2

種類で，おのおの2水準でしたので，すべて組み合わせても4通りです．3因子の場合だと8通りです．ノイズ因子の水準のすべての組み合わせを評価すると，網羅性が完全というメリットのほかに，「どのノイズ因子に対して弱いのか，機能がばらつきやすいのか」という要因分析ができます（p.155注参照）．本来，機能性評価はノイズ因子の分析を目的とはしていないのですが，設計がまずかった場合に，その弱みを知ることで設計改善の指針を得ることもできます．

組み合わせ方2：**直交表を利用する**

冒頭に述べたとおり，ノイズ因子が多くなるとすべての組み合わせを実物の評価実験で実施するのは現実的ではありません．ノイズ因子の水準組み合わせのパターンを絞るために，直交表とよばれる実験の組み合わせを指示する表を活用します．まず直交表について説明が必要です．直交表が示すノイズ因子の水準の組み合わせは，一言でいえば，すべての組み合わせ条件のなかから「まんべんなく公平に」選ばれるようにできています．一番厳しい条件の組み合わせは含まれていないかもしれませんが，それなりに厳しい条件や，中程度の条件，それなりに緩やかな条件などがバランスよく含まれます[51]．

直交表の種類は数多くありますが，ノイズ因子の直交表としてよく用いるのは「**2水準系**」とよばれるものです．**図表3.3.5.1**は2水準系の直交表のうち，2番目に小さい L_8 **直交表**で，ほどよい大きさのものです．ここでは直交表の数学的なしくみを理解する必要性はありません（詳しく知りたい方は参考文献[3-16]を参照ください）．実践上は直交表の見方と使い方を理解すればよいのです．

---

[51] ノイズ因子の第1水準を厳しい側の条件としておくと，N_1条件（直交表の第1行）は，すべて水準1の条件となりますので，直交表の条件のなかの一つを最も厳しい条件の組み合わせにすることができます．

3.3 ノイズ因子

図表3.3.5.1 L_8直交表（2水準・7因子）

	P	Q	R	S	T	U	V
N_1	1	1	1	1	1	1	1
N_2	1	1	1	2	2	2	2
N_3	1	2	2	1	1	2	2
N_4	1	2	2	2	2	1	1
N_5	2	1	2	1	2	1	2
N_6	2	1	2	2	1	2	1
N_7	2	2	1	1	2	2	1
N_8	2	2	1	2	1	1	2

　直交表の最上段を横に見ますと，P，Q，R，S，T，U，Vの記号があります（記号はA～Gの場合[52]や，1～7の数字の場合もあります）．この一つ一つを「列」といい，ここにノイズ因子の種類を当てはめます[53]．たとえばP列に「高温放置」，Q列に「ヒートショック」…という具合に当てはめます．どの列に当てはめるかは自由[54]ですが，ノイズ因子を印加する順番が決まっているような場合は，分かりやすいように左から順に割り付けるとよいでしょう．L_8直交表では七つまで因子を割り付けられますので，因子が六つ以下の場合は，列は空けておいてください．

　つぎに直交表の左端を縦に見ますと，N_1からN_8までの表示がありますね．これを「行」といいます．これが組み合わせの種類を表す番号で，L_8直交表の場合は全組み合わせのパターンから8通りだけの代表を選んで示してくれるということです．行と列とが交叉するところに，「1」，「2」という数字が入っています．これが水準です．2水準系の直交表では，このように水準は1と2しかありません．環境温度のような3水準の場合は後述します．

---

[52] 通常，直交表の列の記号A，B，C，…は制御因子で用いることが多いので，重複しないように本書ではP，Q，R，…という記号を用いています．

[53] 直交表の列に因子を当てはめることを「割り付け（る）」といいます．

[54] 2水準系の直交表に，3水準のノイズ因子を割り付けるような場合は，割り付ける列に制約がでてきますが，直交表の例をいくつか示しますので，そのうち3水準になっている列に，3水準の因子を割り付ければよいです．

各行を横に見ていきます．第1行（N_1）を横に見ていくと，「1-1-1-1-1-1-1」とすべて1が並んでいます．これは水準の組み合わせパターンN_1（1行目）では，因子P，Q，R，S，T，U，Vとも第1水準を用いなさい，と指示しているわけです．2行目（N_2）であれば「1-1-1-2-2-2-2」となっていますので，因子P，Q，Rは第1水準，因子S，T，U，Vは第2水準という組み合わせになります．他の行も同様に，水準の組み合わせが示されているので，それに従えば8通りの水準の組み合わせN_1〜N_8が得られるわけです．実際にノイズを与えて実験する際は，この8通りのパターンで機能の入出力を計測して，この8本のデータのばらつきをSN比で評価することになります．得られるデータのイメージを**図表3.3.5.2**に示します．

直交表を活用してノイズ因子の水準組み合わせを大幅に減らす（L_8直交表の場合，全組み合わせ128通りを8通りに代表する）ことができますが，それでも実物実験の場合，現実的ではありません．直交表を活用したノイズ因子条件の組み合わせは主に，コンピュータシミュレーション（ノイズ因子は内乱）の場合に用います．L_8直交表の場合だと，最大7因子の内乱の組み合わせを8通りに代表させて評価するということです．組み合わせを減らすことで，計算時間の短縮が期待できます．

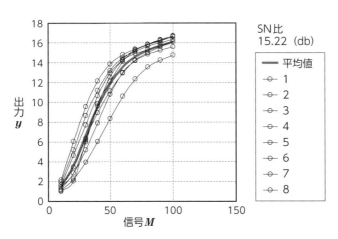

図表3.3.5.2 L_8直交表にノイズを割り付けて機能の入出力を計測した例

3.3 ノイズ因子

　例に挙げた環境温度の場合は，低温，常温，高温の3水準になりますので，2水準系のL_8直交表そのままでは割り付けることができません．3水準系の直交表や，混合系の直交表を用いる方法もありますが，直交表が大きくなり，ノイズ因子の組み合わせパターン数も大きくなりますので，3水準の因子が一つの場合は，2水準の列を変形して4水準の列を作ってしまいます[55]（**図表3.3.5.3**[56]）．4水準の列には3水準の因子を割り付けることもできます（大は小を兼ねるというわけです）．1, 2, 3, 4という水準を，1, 2, 3, 3などと読み替えて割り付ければよいのです．具体的に因子名や水準を記載した直交表が，**図表3.3.5.4**です．環境温度条件は第3水準の高温を重要と考え，第4水準のところに繰り返し割り付けています[57]．

　図表3.3.5.5〜**3.3.5.9**に代表的な直交表を示しますので，ノイズ因子の数に応じて使い分けてください．また，2水準系直交表に4水準が入る場合のバリエーションも示しておきます．大きな直交表はコンピュータシミュレーションで機能性評価を行うときに使用することが多いです．

　直交表にノイズ因子を割り付けて評価すると，どのノイズ因子によってSN比が悪くなったのかなどの要因分析も可能です（p.155注参照）．

---

[55] 4水準列の作り方の詳細を知るためには，実験計画法の交互作用や線点図という知識が必要です．しかし，安心してください．機能性評価の実験を行うという観点ではその知識は必要ありません．いろんなパターンの直交表を用意しておきましたので，ノイズ因子の数と水準によって，適切な直交表を選択すれば事足ります．

[56] 4水準を作ったことで，Q列（第2列），R列（第3列）は使用できなくなるため，表示していません．

[57] もともと記号Tだった環境温度を直交表のP列に割り付けたため，他の因子の記号もそれにともなって変更になっていますので注意してください．

図表3.3.5.3 L_8直交表の変型版（4水準・1因子＋2水準・4因子）

	P	S	T	U	V
N_1	1	1	1	1	1
N_2	1	2	2	2	2
N_3	2	1	1	2	2
N_4	2	2	2	1	1
N_5	3	1	2	1	2
N_6	3	2	1	2	1
N_7	4	1	2	2	1
N_8	4	2	1	1	2

P列に4水準を割り付けた場合，Q（2）列，R（3）列は使用しない．

図表3.3.5.4 L_8直交表の変型版に因子名と水準値を割り付け

	P	S	T	U	V
	環境温度	高温放置	ヒートショック	振動	高温高湿
N_1	－30℃	なし	なし	なし	なし
N_2	－30℃	あり	あり	あり	あり
N_3	＋20℃	なし	なし	あり	あり
N_4	＋20℃	あり	あり	なし	なし
N_5	＋70℃	あり	あり	あり	なし
N_6	＋70℃	なし	なし	あり	なし
N_7	＋70℃[*1]	あり	あり	あり	なし
N_8	＋70℃[*1]	なし	なし	なし	あり

P列の第4水準は，環境温度の第3水準を繰り返し割り付けた（＊1）．
水準の「あり」の具体的な条件は，ノイズ因子表（**図表3.3.4.1**）参照のこと．

図表3.3.5.5 L_4直交表（2水準・3因子）

	P	Q	R
N_1	1	1	1
N_2	1	2	2
N_3	2	1	2
N_4	2	2	1

3.3 ノイズ因子

図表 3.3.5.6 L_{12} 直交表（2水準・11因子）

	P	Q	R	S	T	U	V	W	X	Y	Z
N_1	1	1	1	1	1	1	1	1	1	1	1
N_2	1	1	1	1	1	2	2	2	2	2	2
N_3	1	1	2	2	2	1	1	1	2	2	2
N_4	1	2	1	2	2	1	2	2	1	1	2
N_5	1	2	2	1	2	2	1	2	1	2	1
N_6	1	2	2	2	1	2	2	1	2	1	1
N_7	2	1	2	2	1	1	2	2	1	2	1
N_8	2	1	2	1	2	2	2	1	1	1	2
N_9	2	1	1	2	2	2	1	2	2	1	1
N_{10}	2	2	2	1	1	1	1	2	2	1	2
N_{11}	2	2	1	2	1	2	1	1	1	2	2
N_{12}	2	2	1	1	2	1	2	1	2	2	1

図表 3.3.5.7 L_9 直交表（3水準・4因子）

	P	Q	R	S
N_1	1	1	1	1
N_2	1	2	2	2
N_3	1	3	3	3
N_4	2	1	2	3
N_5	2	2	3	1
N_6	2	3	1	2
N_7	3	1	3	2
N_8	3	2	1	3
N_9	3	3	2	1

図表3.3.5.8 L_{16}直交表（2水準・15因子）

	P	Q	R	S	T	U	V	W	X	Y	Z	J	K	L	M
N_1	1	1	1	1	1	1	1	1	1	1	1	1	1	1	1
N_2	1	1	1	1	1	1	1	2	2	2	2	2	2	2	2
N_3	1	1	1	2	2	2	2	1	1	1	1	2	2	2	2
N_4	1	1	1	2	2	2	2	2	2	2	2	1	1	1	1
N_5	1	2	2	1	1	2	2	1	1	2	2	1	1	2	2
N_6	1	2	2	1	1	2	2	2	2	1	1	2	2	1	1
N_7	1	2	2	2	2	1	1	1	1	2	2	2	2	1	1
N_8	1	2	2	2	2	1	1	2	2	1	1	1	1	2	2
N_9	2	1	2	1	2	1	2	1	2	1	2	1	2	1	2
N_{10}	2	1	2	1	2	1	2	2	1	2	1	2	1	2	1
N_{11}	2	1	2	2	1	2	1	1	2	1	2	2	1	2	1
N_{12}	2	1	2	2	1	2	1	2	1	2	1	1	2	1	2
N_{13}	2	2	1	1	2	2	1	1	2	2	1	1	2	2	1
N_{14}	2	2	1	1	2	2	1	2	1	1	2	2	1	1	2
N_{15}	2	2	1	2	1	1	2	1	2	2	1	2	1	1	2
N_{16}	2	2	1	2	1	1	2	2	1	1	2	1	2	2	1

図表3.3.5.9 L_{16}直交表の変形版（4水準・2因子＋2水準・9因子）

	P	S	T	U	V	X	Y	Z	K	L	M
N_1	1	1	1	1	1	1	1	1	1	1	1
N_2	1	2	1	1	1	2	2	2	2	2	2
N_3	1	3	2	2	2	1	1	1	2	2	2
N_4	1	4	2	2	2	2	2	2	1	1	1
N_5	2	1	1	2	2	1	2	2	1	2	2
N_6	2	2	1	2	2	2	1	1	2	1	1
N_7	2	3	2	1	1	1	2	2	2	1	1
N_8	2	4	2	1	1	2	1	1	1	2	2
N_9	3	1	2	1	2	2	1	2	1	1	2
N_{10}	3	2	2	1	2	1	2	1	2	2	1
N_{11}	3	3	1	2	1	2	1	2	2	2	1
N_{12}	3	4	1	2	1	1	2	1	1	1	2
N_{13}	4	1	2	2	1	2	2	1	2	2	1
N_{14}	4	2	2	2	1	1	1	2	1	1	2
N_{15}	4	3	1	1	2	2	2	1	1	1	2
N_{16}	4	4	1	1	2	1	1	2	2	2	1

P列，S列に4水準を割り付けた場合，Q（2），R（3），W（8），J（12）列は使用しない．

3.3 ノイズ因子

組み合わせ方3:直交表の一部の行だけを実験する

　ノイズ因子の数が多くなると,直交表を用いても組み合わせのパターンは多くなります.そこで,直交表の一部の行(たとえば半分)のみを採用してそれでばらつきを評価してしまうという方法です.行の選択方法としては,たとえば L_8 直交表の場合,上半分の N_1〜N_4 のみを採用するということです.ただしこの場合,第一列(P列)は第1水準しかなく,この列は使用できませんので,第2列から因子を割り付けることにします.上半分ではなく,1行おきに選択した場合でも同じことで,第4列が第1水準のみになりますので,この列が使えなくなります.どの行を間引くとよいかは,どの列にどの因子を,どの水準にどんな条件を割り付けたかによりますので,何ともいえません.

　行を減らして評価数を減らすことは能率の上ではメリットですが,その分だけデメリットも生まれます.一つは,直交表でまんべんなく,公平に選んだ組み合わせの一部しか評価しませんので,バランスは少し悪くなります.しかし機能性評価が相対比較であるということを考えれば,それほど厳密に考える必要はありません(ノイズ因子の種類がきちんと取り上げられているほうが重要です).

　もう一つのデメリットは,ノイズ因子の要因分析がほとんどできないということです.ただし機能性評価の場合はSN比の比較のみが重要なことが多いので,そのようなケースでは直交表の一部利用という選択肢があり得ます.

組み合わせ方4:ノイズ因子を調合する

　実物の評価を考えた場合には,上記で紹介した方法は現実的でない場合も多いかと思います.ここでノイズ因子の組み合わせを現実的なところまで,ぐっと減らすことを考えましょう.全組み合わせを評価するにしても,直交表(あるいはその一部)を用いるにしても,機能の安定性を知るためには結局のところ,機能の出力,つまりお客様が欲しい結果が一番大きくなる条件 N_1(最も好ましい条件)と,出力が一番小さくなる条件 N_2(最もノイズ因子が厳しい条件)の二つの結果が分かれば,その差の大小で機能の安定性が分かるはずで

す．たとえば，**図表3.3.5.10**に示したさまざまなノイズ因子の組み合わせ条件において，仮に出力が最大の組み合わせと最小の組み合わせが分かっているとすれば，その間に入るほかの条件の出力はあまり重要な情報ではありません．

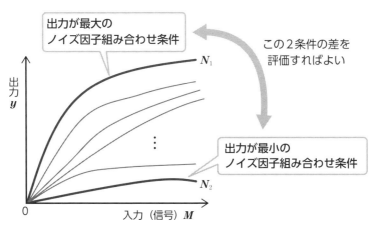

図表3.3.5.10 出力が最大の条件と最小の条件

N_1条件というのは，たとえばまだ劣化していない状態の新品を室温のような標準的な条件で使用した場合です．設計者はこのような「最もよく使われる条件」で最も望ましい結果が出力されるように設計しているはずです．これを「標準条件」といいます．つぎに，N_2条件というのは，ノイズ因子条件の組み合わせとして一番厳しい条件です．さまざまな外乱に遭って劣化し，しかも高温や低温などの厳しい条件で使用されるような場合です．このような二つの組み合わせ条件に集約できれば，評価は2通りでよいことになり，実物を用いた実験が現実的になります．

図表3.3.4.1に示したノイズ因子を2水準に代表させてみましょう．標準条件 N_1 は，「P：高温放置」，「Q：ヒートショック」，「R：振動」，「S：高温高湿環境」はいずれも「なし」すなわち新品で，「T：環境温度」は「常温」という組み合わせになります．このように，さまざまなノイズ因子の水準の条件を一つにまとめることを「**ノイズ因子の調合**」といいます．

3.3 ノイズ因子

　問題は最も厳しいN_2条件です．本例の「P：高温放置」，「Q：ヒートショック」，「R：振動」，「S：高温高湿環境」のように劣化系の外乱の場合は，当然すべてを印加した「あり」の組み合わせの場合が一番厳しくなります（環境温度についてはあとで述べます）．問題は，これらの外乱を同時に与えることは，多くの場合設備の制約上困難であるということです．そこで，これらの**ノイズ因子を順次与えていく**ことを考えます．このことは，サンプルは１つでよいことを表します．

　ここで，最初（新品，劣化なし）と最後（すべての劣化条件を印加）だけ計測してもよいのですが，途中段階のデータも取っておけば，ノイズ因子の影響の挙動や，本当に最後の条件が最悪になっているのかなど，得られる情報は多くなります．ノイズ因子の印加の順序が適切な場合，順に出力が下がっていきますので，ステップ①（新品）のデータと最後のステップ⑤（最も劣化）のデータがあれば機能の安定性は評価できます．しかし，計測に大きな手間がかからないのであれば，途中で取れるデータは取っておいたほうがよいと考えます．劣化は不可逆的な変化で，あとでステップ②③④後のデータが知りたいと思っても，（サンプルを作り直さない限り）計測できないからです．

データの取得順序は以下のとおりです（**図表3.3.5.11**参照）．

①新品（ノイズ因子の負荷なし）で「T：環境温度」が常温，低温，高温の場合のデータをとる（①-1，①-2，①-3）．
②①のサンプルにノイズ因子「P：高温放置」を印加する．劣化させたサンプルで，「T：環境温度」が常温，低温，高温の場合のデータをとる（②-1，②-2，②-3）．
③②のサンプルにノイズ因子「Q：ヒートショック」を印加する．劣化させたサンプルで，「T：環境温度」が常温，低温，高温の場合のデータをとる（③-1，③-2，③-3）．
④③のサンプルにノイズ因子「R：振動」を印加する．劣化させたサンプルで，

「T：環境温度」が常温，低温，高温の場合のデータをとる（④-1，④-2，④-3）．

⑤ ④のサンプルにノイズ因子「S：高温高湿環境」を印加する．劣化させたサンプルで，「T：環境温度」が常温，低温，高温の場合のデータをとる（⑤-1，⑤-2，⑤-3）．

一見複雑ですが，新品から順にノイズ因子 P，Q，R，S を印加していき，ノイズ因子を与える都度，機能の入出力を計測します（計5回）．ノイズ因子 T（環境温度）は劣化条件ではありませんので，各ノイズ因子を与えたあとの計測で，常温，高温，低温での計測を行うということです（計15回）．15回分の機能の入出力特性（**図表3.3.5.12**）が取れましたので，この傾きのばらつきを評価すれば機能の安定性が分かるということです．

① 新品のデータ（低温・常温・高温）をとる

② さらに「高温放置」を印加してデータ（低温・常温・高温）をとる

③ さらに「ヒートショック」を印加してデータ（低温・常温・高温）をとる

④ さらに「振動」を印加してデータ（低温・常温・高温）をとる

⑤ さらに「高温高湿」を印加してデータ（低温・常温・高温）をとる

⑥ 15本の入出力関係から安定性を評価する

図表3.3.5.11 順次ノイズ因子を印加する場合（ノイズ因子の調合）

3.3 ノイズ因子

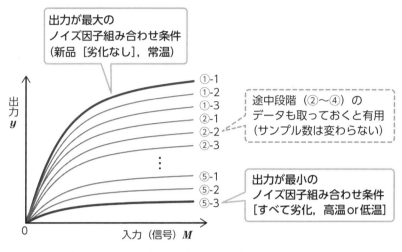

図表3.3.5.12 順次ノイズ因子を印加した場合の計測例

　ここで，ノイズ因子をシリーズに印加していくときの重要な留意点があります．上の説明で，劣化に関係するノイズ因子を，「P：高温放置」，「Q：ヒートショック」，「R：振動」，「S：高温高湿環境」の順で印加しました．これは一つの例として示したものですが，**ノイズ因子の印加の順序**は非常に重要です．これを間違うと意味のない実験になってしまいます．ノイズ因子の印加の順序は「その順序で印加した場合に一番厳しくなる」あるいは「ノイズ因子の印加のたびに出力が悪くなっていく」ような条件になっていなければなりません．そのためには，ノイズ因子が機能の出力にどう影響するのかの知識が必要です．

　評価対象として，接着部や絶縁材料などの樹脂材料を考えてみましょう．まず「P：高温放置」で，樹脂材料を熱劣化させます．「Q：ヒートショック」によって強度的に弱くなった樹脂材料に応力を加え，クラックを発生させます．「R：振動」でクラックをさらに大きく進展させます．最後に，「S：高温高湿環境」でクラックに水を侵入させてとどめを刺します（**図表3.3.5.13**）．このようにしていじめた樹脂材料は相当劣化しているはずです．これが順番が違えばうまくいきません．水を侵入させたあと高温放置をしてしまうと，水が抜けて

また特性が戻ってしまった，というようなことにもなりかねません（ですので，環境温度を変化させる計測では高温条件は最後に実施したほうがよいでしょう）．

ノイズ因子を順次に加えていく方法は，サンプル数が少なくてもよく，実物実験では大きな威力を発揮しますが，その反面，対価としてノイズ因子に関する知識が必要というわけです．ノイズ因子がどう影響するの分からない場合は，予備的な実験も必要になります．その分工数は増えますが，ノイズ因子に関する知識を蓄積することで，他社に負けない効率的な評価方法を手に入れることができます．

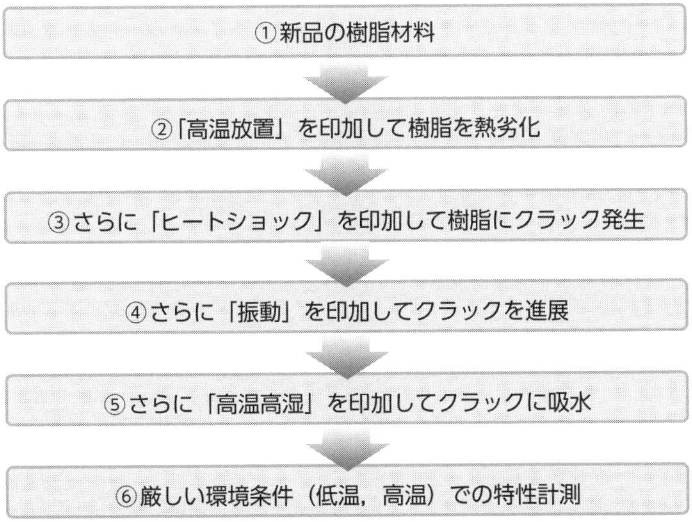

```
①新品の樹脂材料
　↓
②「高温放置」を印加して樹脂を熱劣化
　↓
③さらに「ヒートショック」を印加して樹脂にクラック発生
　↓
④さらに「振動」を印加してクラックを進展
　↓
⑤さらに「高温高湿」を印加してクラックに吸水
　↓
⑥厳しい環境条件（低温，高温）での特性計測
```

図表3.3.5.13　順次ノイズ因子を印加した場合（樹脂材料の例）

▶▶ ノイズ因子の要因分析

3.3.5項のノイズ因子の組み合わせ方のうち，1．全組み合わせの場合と，2．直交表を用いた場合は，ノイズ因子の要因分析が可能です．ノイズ因子の要因分析とは，機能性評価の実験データを分析することで，どのノイズ因子が機能の変動に影響しているのかを見えるようにする方法です．

3.3 ノイズ因子

　本来，未知の要因に対して未然防止策をとろうとする品質工学の考え方では「ノイズ因子に対して対策するな」，「原因を分析するな」というようなことをいわれます．しかし現実に想定されるようなノイズ因子への対策レベルでは，どのノイズ因子に弱いのかの原因も分からなければ機能を安定化する対策の打ちようがないのも事実です．本書が目指している機能性評価の使用方法は，不完全な設計のバグ出しという意味合いが強いことを思い出してください．

　ここでは，直交表にノイズ因子を割り付けた場合の要因分析の例について見ていきます．ただし，ノイズ因子の場合はお互いに影響を及ぼし合うことが多いので（**交互作用**といいます），出てきた結果については参考程度ということになります．少数の非常に大きな要因が見つかれば，対策はしやすいと思います．

　図表3.3.5.4で示したL_8直交表（環境温度は4水準列割り付け）を例に説明します．

図表3.3.5.4（再掲・一部追加）
L_8直交表の変型版に因子名と水準値を割り付け

	P	S	T	U	V	傾き β
	環境温度	高温放置	ヒートショック	振動	高温高湿	
N_1	$-30℃$	なし	なし	なし	なし	βN_1
N_2	$-30℃$	あり	あり	あり	あり	βN_2
N_3	$+20℃$	なし	なし	あり	あり	βN_3
N_4	$+20℃$	あり	あり	なし	なし	βN_4
N_5	$+70℃$	あり	あり	なし	あり	βN_5
N_6	$+70℃$	なし	なし	あり	あり	βN_6
N_7	$+70℃^{*1}$	あり	あり	あり	なし	βN_7
N_8	$+70℃^{*1}$	なし	なし	なし	あり	βN_8

　機能表現が，ゼロ点比例の場合，$N_1 \sim N_8$までの各条件で，8本の入出力線がとれています（たとえば，**図表3.3.5.2**）．SN比を求める過程で，これら8本

の入出力に対する傾きが，β_{N1}, β_{N2}, ..., β_{N8} と求まっていますね．ここからの基本的な考え方は「層別」です．つまり，「S：高温放置」であれば，「水準 S_1：なし」のとき（N_1, N_3, N_6, N_8 条件）と「水準 S_2：あり」のとき（N_2, N_4, N_5, N_7 条件）の傾きの平均を比較します．すなわち，S_1 水準，S_2 水準の平均の傾きを β_{S1}, β_{S2} で表すと，

$$\beta_{S1} = (\beta_{N1} + \beta_{N3} + \beta_{N6} + \beta_{N8})/4$$
$$\beta_{S2} = (\beta_{N2} + \beta_{N4} + \beta_{N5} + \beta_{N7})/4$$

となります．このように単純な平均で，ノイズ因子の各水準の効果を計算できるところが直交表（あるいは全組み合わせ）の実験の強みです．

ノイズ因子 T, U, V についてもそれぞれの第1水準，第2水準が現れる行の β を足し合わせて平均してください．ノイズ因子 P については，4水準の列に3水準が割り付けられていますので，以下のようになります．

$$\beta_{P1} = (\beta_{N1} + \beta_{N2})/2$$
$$\beta_{P2} = (\beta_{N3} + \beta_{N4})/2$$
$$\beta_{P3} = (\beta_{N5} + \beta_{N6} + \beta_{N7} + \beta_{N8})/4$$

これらのそれぞれのノイズ因子について，水準を変えたときにどれだけ β が変動するのかを見ていきます．すなわち，平均の傾き β_{N0}（全 β の平均）に対する変化率 ρ を求めます．

因子 S（2水準）の場合

傾きのばらつき　　$\sigma_S = \sqrt{\dfrac{(\beta_{N0} - \beta_{S1})^2 + (\beta_{N0} - \beta_{S2})^2}{2}}$

傾きの変化率　　　$\rho_S = \dfrac{\sigma_S}{\beta_{N0}}$

3.3 ノイズ因子

因子 P（3水準）の場合

傾きのばらつき
$$\sigma_P = \sqrt{\frac{(\beta_{N0}-\beta_{P1})^2+(\beta_{N0}-\beta_{P2})^2+(\beta_{N0}-\beta_{P3})^2}{3}}$$

傾きの変化率
$$\rho_P = \frac{\sigma_P}{\beta_{N0}}$$

ρ の値を比較すれば，どの因子が傾き β の変動に大きく影響しているのかのヒントが得られます．**図表3.3.5.14**はそのようにして，開発品Aと従来品Bを比較した例です．レーダーチャートでは分かりやすいように，$1-\rho$ をプロットしています（1.0のときに変化への影響なし，小さくなるにつれ変化の影響大）．このことから，設計品Aは環境温度の変化に弱く，対策が必要であることが分かります．

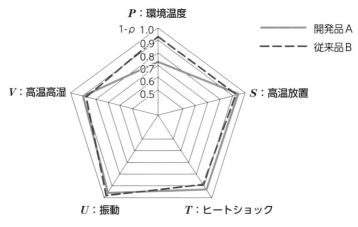

図表3.3.5.14 ノイズ因子の要因分析例

3.3節のまとめ

- [ ] ばらつき要因における「外乱」とは製品の外側からくるばらつき条件のことで，①環境条件や②使用条件からなる．

- [ ] 「内乱」は製品が外乱にさらされることによって，製品の内部で起こる変化のことで，③製品内部の部品の寸法や物性値の変動・劣化が該当する．④製造ばらつきも製品内部のばらつきのため，内乱に分類する．

- [ ] ばらつき要因は上記①～④の四つの分類で抽出して，特性要因図（フィッシュボーン）にまとめ，レビューの材料とする．

- [ ] ノイズ因子の選択の視点は，①機能への影響が大きいと考えられる外乱を選択する，②さまざまな内乱を発生させる外乱を選択する，③3H（「初めて」，「変化点」，「久しぶり」）にかかわる要因を選択する，④使用条件は振りやすいものが多いので積極的に取り上げる．

- [ ] ばらつき要因への対応は，①設計に織り込む，②機能性評価のノイズ因子として採用，③信頼性試験で確認，④製造工程で管理，⑤注意喚起・使用制限など，⑥何もしない．

- [ ] ノイズ因子の水準（厳しさ）の決め方は，外乱では，①使用段階でのお客様の使用条件の下限と上限で決める，壊れ方が変わらない範囲で厳しくする，③信頼性試験の加速条件を流用（試験時間以外）．内乱では，一律の変化率を与えて水準を作ってもよい．

- [ ] ノイズ因子の組み合わせ方は，①全通りの組み合わせを実施する，②直交表を利用する，③直交表の一部の行だけを実験する，④ノイズ因子を調合する．

- [ ] ノイズ因子の調合で，順次劣化条件を与える場合は，順序が重要．劣化の影響が戻らないように注意する．

- [ ] 全組み合わせ，または直交表を用いてノイズ因子を組み合わせた場合，ノイズ因子の要因分析が可能．

3.4 SN比はこわくない ～エネルギー比型SN比～

3.4.1 安定性をSN比で評価しよう(何を見ているのか)

　3.2節で決めた機能の入出力を，3.3節で決めたノイズ因子を与えた状態で計測すると，入出力の関係が乱れて，傾きがばらついたり，線形から崩れたりするでしょう．このようなばらつきや乱れを数値で表して比較できるようにする「安定性のものさし」がSN比です．2.1.3項で説明したように，出力の全成分を増えてほしい成分と，減ってほしい成分に分けて，それらの比をとればよいのでした．**図表3.4.1.1**，**図表3.4.1.2**でおさらいすると，

　　　増えてほしい成分
　　　　　「有効成分A」：平均的な傾きの大きさの成分
　　　減ってほしい成分
　　　　　「有害成分B」：ノイズ因子の条件の差
　　　　　「有害成分C」：非線形な成分
　　　SN比
　　　　　＝(有効成分A)／(有害成分B＋有害成分C)

となり，SN比が大きいほど，その製品（評価対象）の機能の安定性が高いということです．これはさまざまなお客様の使用条件や環境において，いつでもどこでも安定に機能するということです．劣化にも強いので長寿命です．

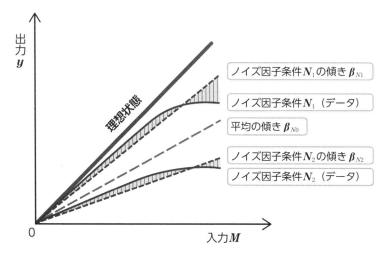

図表3.4.1.1 ノイズ因子によってばらついたデータ（**図表2.1.3.1**再掲）

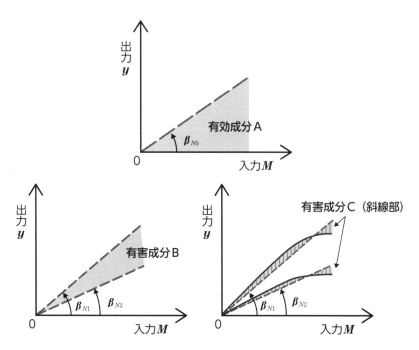

図表3.4.1.2 ノイズ因子によってばらついたデータの有効成分と有害成分
（**図表2.1.3.2**再掲）

3.4.2 統計いらずの簡単SN比(エネルギー比型SN比)

いよいよ採取したデータからSN比を計算していきましょう．従来は"自由度"や"準変動"や"期待値"などの統計的な考え方を用いた難解なものでした．しかし現在では，四則演算だけで計算でき，非常に使いやすく，メリットも多いSN比が提案されています．このSN比を「**エネルギー比型SN比**」とよびますが，本節では区別の必要がない限り，単にSN比とよびます．以下，計算方法をステップごとに見ていきます．一つ一つ説明していますので一見複雑そうですが，一度理解してしまえば，実務ではExcelなどのツールで自動計算すればよいのです．

本項ではSN比のなかでも，最も使用機会の多い線形が理想な場合の**ゼロ点比例SN比**について説明します．

▶▶ ゼロ点比例SN比

①データの準備

一番簡単な例として，信号因子3水準（M_1, M_2, M_3）で，ノイズ因子が2水準（N_1, N_2）の場合で説明します（エネルギー変換機能か制御的機能かは問いません）．図表3.4.2.1，図表3.4.2.2のようなデータです．データの記号（y_{ij} の添え字は，i はノイズ因子の水準，j は信号因子の水準を表しています）とともに，数値例も（ ）に示しておきました．この六つのデータからSN比を求めていくわけです．

データは「実験をしながら」必ずグラフに表示しておきます．意図したとおりの入出力関係になっているのか，ノイズ因子の影響はきちんと出ているのか，データ取得ミス，入力ミスはないのかなどのチェックを行います．実験が終わったあとで気が付いてデータを取り直すのはロスです．実験をしながらその場で気が付けるようにしてくださいね．

図表3.4.2.1 データの記号と数値例

	M_1	M_2	M_3
	(10)	(20)	(30)
N_1	y_{11}	y_{12}	y_{13}
	(12)	(22)	(34)
N_2	y_{21}	y_{22}	y_{23}
	(9)	(17)	(29)

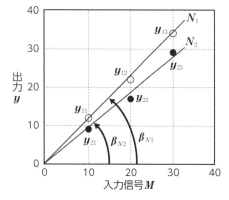

図表3.4.2.2 左のデータのグラフ

②全体の出力の大きさを求める

有効成分と有害成分をすべて含んだ,全体の出力の大きさを求めます.<u>**SN比の計算はすべて「2乗」で行います**</u>.ばらつきというものは平均を中心として,プラスにもマイナスにも変化しますので,足し合わせたときにプラスとマイナスが相殺しない(打ち消し合わない)ように,2乗のデータにすることでこれを避けるわけです.交流電圧(プラスマイナスに振幅する波)が相殺せず,きちんと仕事をしてくれるのも振幅の2乗に比例する電気エネルギーをもつためで,似たような考え方です.

さて,全体の出力の大きさは,得られた全データ(六つのデータ)をそれぞれ2乗して足し合わせるだけです.全体の出力を「**全変動**」といい,S_Tの記号を使います.記号SはSum Square(2乗和)を意味します.添え字のTはTotal(全体)です.Excel関数SUMSQ( )を使用すれば簡単です.

$$S_T = y_{11}^2 + y_{12}^2 + y_{13}^2 + y_{21}^2 + y_{22}^2 + y_{23}^2$$
$$= 12^2 + 22^2 + 34^2 + 9^2 + 17^2 + 29^2$$
$$= 2995$$

全変動すなわち全データの出力の成分は,2995となりました.これを有効成分と有害成分に分けていきます.

3.4 SN比はこわくない ～エネルギー比型SN比～

③有効成分の計算

有効成分とは平均的な「傾き」の大きさの成分です．まずN_1とN_2条件それぞれで傾きβ_{N1}とβ_{N2}を求めます．

・傾きの求め方

計算で繰り返し使用する信号の大きさの成分rを先に求めておきます[58]．これも各信号水準値の2乗和です．

$$r = M_1^2 + M_2^2 + M_3^2$$
$$= 10^2 + 20^2 + 30^2$$
$$= 1400$$

ノイズ条件N_1, N_2の入出力のデータを，切片がゼロのゼロ点比例式$y = \beta_{N1}M$，$y = \beta_{N2}M$とおいたときの傾きは，最小2乗法を使って以下で求められます[3-17]．各式の分子は，出力と入力の各水準の積の和です．

$$\beta_{N1} = (y_{11}M_1 + y_{12}M_2 + y_{13}M_3) / r$$
$$= (12 \times 10 + 22 \times 20 + 34 \times 30) / 1400$$
$$= 1.1286$$
$$\beta_{N2} = (y_{21}M_1 + y_{22}M_2 + y_{23}M_3) / r$$
$$= (9 \times 10 + 17 \times 20 + 29 \times 30) / 1400$$
$$= 0.9286$$

なお，傾きはExcel関数LINEST（出力，入力，0, 0）で入力（信号）と出力のデータのペアを参照することでも簡単に計算できます．

つぎに，平均的な傾きの大きさβ_{N0}を知りたいので，これを平均します．

$$\beta_{N0} = (\beta_{N1} + \beta_{N2}) / 2$$

---

58 このrには「有効除数」という難しい名前がついています．

$$= (1.13 + 0.93) / 2$$
$$= 1.0286$$

平均的な傾きは1.0286で，ノイズ因子の影響でその周りに±0.1ずつばらついている（$\beta_{N1} = 1.0286 + 0.1$，$\beta_{N2} = 1.0286 - 0.1$）というわけです．

$$\text{平均の出力}\quad y_{0j} = \beta_{N0} M_j = 1.0286 \times M_j \quad (j = 1 \sim 3)$$

における，入力M_1，M_2，M_3に対する出力値y_{01}，y_{02}，y_{03}を求めておきます．これらを**図表3.4.2.3**にまとめておきます．

$$y_{01} = 1.0286 \times 10 = 10.286$$
$$y_{02} = 1.0286 \times 20 = 20.572$$
$$y_{03} = 1.0286 \times 30 = 30.858$$

図表3.4.2.3 データの記号と数値例

	M_1 (10)	M_2 (20)	M_3 (30)	傾き β
N_1	y_{11} (12)	y_{12} (22)	y_{13} (34)	β_{N1} (1.13)
N_2	y_{21} (9)	y_{22} (17)	y_{23} (29)	β_{N2} (0.93)
N_0	y_{01} (10.3)	y_{02} (20.6)	y_{03} (30.9)	β_{N0} (1.03)

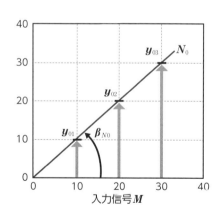

図表3.4.2.4 左のデータのグラフ

この平均の出力y_{01}，y_{02}，y_{03}（**図表3.4.2.4**の上向き矢印の成分）の2乗和が，求める平均的な出力の成分です．N_1条件とN_2条件の2条件の傾きを平均の傾き二つに置き換えたということですので，2回分のデータを足し合わせること

を忘れないでください．記号はS_βを用います．添え字のβは傾きの記号からきています．

$$S_\beta = \underline{2 \times} (y_{01}^2 + y_{02}^2 + y_{03}^2)$$
$$= 2 \times (10.3^2 + 20.6^2 + 30.9^2)$$
$$= 2962.29$$

全体の出力の大きさ$S_T = 2995$に対して，「有効成分A」は$S_\beta \fallingdotseq 2962$と分かりました．

S_βの意味合いを理解するために以上の手順で説明しましたが，さらに簡単に

$$S_\beta = nr\beta_{N0}^2 \qquad （nはノイズ因子の水準数，ここではn = 2）$$

でも求められます．上記で説明した方法と同じ値になりますので検算してみてください．

④有害成分の計算

有害成分には，ノイズ因子の条件の差「有害成分B」と非線形な成分「有害成分C」がありますが，SN比を計算するだけならこれらを別々に求める必要はありません．上記の全体の出力の大きさS_Tから，有効成分であるS_βを引けば，有害成分が残るからです．記号はS_N（添え字のNはNoise）を用います．

$$S_N = S_T - S_\beta$$
$$= 2995 - 2962.29$$
$$= 32.71$$

⑤SN比の計算

SN比は有効成分S_βと有害成分S_Nの比です．SN比の記号にはギリシャ文字のη（イータ）を使用します．エネルギー比型SN比であることを強調する場合は添え字Eをつけて，η_Eとする場合もあります．

$$\eta = S_\beta / S_N$$
$$= 2962.29 / 32.71$$
$$= 90.55$$

つまり，データの「2乗」で考えた場合，有効成分が有害成分の90.55倍だということです．傾きがどれくらいばらついているのかという見方では，データの次元に戻す必要があります．「傾きの大きさ」は「傾きのばらつきの大きさ」の $\sqrt{90.55} \fallingdotseq 9.52$ 倍です．つまり，ノイズ因子によって傾きの大きさの ± 0.105 ($\fallingdotseq 1/9.52$)倍だけばらついているということです（**図表3.4.2.5**）．これを変化率といいますが，この値はノイズ因子条件（N_1, N_2）による傾きの差以外に非線形な成分も含んだ値です．

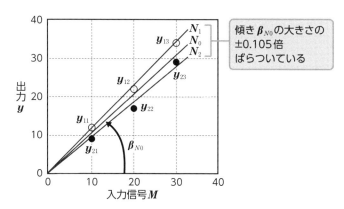

図表3.4.2.5 平均の傾きからのばらつき（変化率）

機能性評価で，SN比を比較するだけでしたら，上記のように比をとっただけのSN比（**真数**といいます）でもよいのですが，パラメータ設計等でSN比どうしをさらに足したり引いたりする場合には，常用対数の10倍をとって，**db（デシベル）**単位とします[59]．

---

[59] 電気分野でのデシベルは［dB］と表記しますが，品質工学のSN比や感度のデシベルは小文字で［db］と表記するのが慣例になっています．

3.4 SN比はこわくない 〜エネルギー比型SN比〜

$$\eta \text{(db)} = 10\log(S_\beta / S_N)$$
$$= 10\log(90.55)$$
$$= 19.57 \text{（db）}$$

　デシベル単位にしても，もとのSN比の大小関係は変わりませんので，機能性評価のような比較の場合はどちらを用いてもよいのです．目安として，SN比が真数で100（20db）なら傾きの0.1倍（10％）程度，真数で10000（40db）なら傾きの0.01倍（1％）程度ばらついていることになります．グラフのばらつきのイメージと計算したSN比があまりにも違っていれば計算をどこか間違っているということです[60]．

　なお，SN比だけでなく有効な出力の大きさも同時に比較したい場合が多いはずです．これは平均の傾き β_{N0} で比較してもよいですし，2乗してデシベル単位でもよいのです．これを「**感度**」といいます．記号はS（Sensibility）です．

　　　平均の傾き $\beta_{N0} = 1.0286$
　　　感度　$S \text{(db)} = 10\log(\beta_{N0}^2) = 10\log(1.0286^2) \fallingdotseq 0.245 \text{（db）}$

　いかがでしたか．SN比の計算は意外と簡単でしょう．最後に対数は出てきましたが，比較だけならそれも不要で，真数の計算は簡単な四則演算だけです．それでは，信号因子の水準とノイズ因子の水準を増やして，計算の練習をしてみましょう．

60　本節の注（p.182）で紹介する従来型のSN比では，グラフ上のばらつき方と，SN比の値に対応関係はありません．これは従来型のSN比は，グラフ上のばらつきだけでなく，データ数や信号の大きさにも影響するためです．SN比が20dbと聞いただけでは安定性がどの程度なのかは分かりません．

演習 3.4.1

二つの製品 U, V の機能性評価で下記のデータが得られた（信号因子 5 水準，ノイズ因子 4 水準）．どちらが機能の安定性が高いか，SN 比を用いて比較してみましょう．

製品 U

	M_1	M_2	M_3	M_4	M_5
	100	200	300	400	500
N_1	19	38	59	72	78
N_2	39	76	118	133	145
N_3	57	116	174	199	226
N_4	79	158	230	289	311

製品 V

	M_1	M_2	M_3	M_4	M_5
	100	200	300	400	500
N_1	23	48	73	99	122
N_2	38	78	116	157	199
N_3	51	106	161	216	274
N_4	64	139	205	276	347

まず，製品 U, V についてデータをグラフにプロットして，データのばらつき具合を見てみましょう．つぎに SN 比を求めます．

製品 U について，

全変動 $S_T =$ _____

信号の 2 乗和 $r =$ _____

$N_1 \sim N_4$ の傾き

$\quad \beta_{N1} =$ _____

$\quad \beta_{N2} =$ _____

$\quad \beta_{N3} =$ _____

$\quad \beta_{N4} =$ _____

3.4 SN比はこわくない 〜エネルギー比型SN比〜

平均の傾きと感度

β_{N0} = ＿＿＿＿＿＿

$S(\mathrm{db})$ = ＿＿＿＿＿＿ (db)

有効成分

S_β = ＿＿＿＿＿＿　　　　　　（※ノイズ因子水準数に注意）

有害成分

S_N = ＿＿＿＿＿＿

SN比

η = ＿＿＿＿＿＿

$\eta(\mathrm{db})$ = ＿＿＿＿＿＿ (db)

同様に製品Vについて,

全変動 S_T = ＿＿＿＿＿＿＿＿＿＿

信号の2乗和 r = ＿＿＿＿＿＿＿＿＿＿

$N_1 \sim N_4$ の傾き

β_{N1} = ＿＿＿＿＿＿

β_{N2} = ＿＿＿＿＿＿

β_{N3} = ＿＿＿＿＿＿

β_{N4} = ＿＿＿＿＿＿

平均の傾きと感度

β_{N0} = ＿＿＿＿＿＿

$S(\mathrm{db})$ = ＿＿＿＿＿＿ (db)

有効成分

S_β = ＿＿＿＿＿＿　　　　　　（※ノイズ因子水準数に注意）

有害成分

S_N = ＿＿＿＿＿＿

SN比

 $\eta =$ _____

 $\eta\,(\mathrm{db}) =$ _____ (db)

まとめると，

	製品U	製品V
SN比	_____	_____
SN比（db）	_____	_____
平均の傾き	_____	_____
感度（db）	_____	_____

製品_____のほうがSN比が大きく，機能の安定性が高い．

平均の傾きや感度は（製品Uが大きい，製品Vが大きい，ほぼ同じ）．

▶▶ 二乗和分解についての補足

Q テキストによっては，データ y はエネルギー単位のままではなく，その平方根をとって，計算されるケースが見られます．

A 二乗和の分解やSN比の計算はすべてデータの二乗の次元で行います．$c^2 = a^2 + b^2$ というような分解は数学的にはいつも成り立ちますが，これらの二乗の項がエネルギー単位になっていると，分解が物理的にも整合するため，都合がよいといわれています．また，パラメータ設計における再現性（**3.2.2項**（3）参照）が重要な場合に，エネルギーの入出力の平方根を用いることで再現性を向上する効果があると考えられています．しかしSN比 β^2 / σ^2 のような複雑な量においても加法性が担保されるかどうかは不明ですので，再現性向上の一つのオプションとして平方根の値で試すのでよいでしょう．機能性評価では再現性は関係ありませんので，平方根を

とるかどうかはあまり問題となりません．しかし，SN比の値には違いがでてきます．平方根をとった場合はグラフ上の傾きのばらつきが半分になり，SN比の表示値は真数で4倍，デシベル値で約6db高くなります．

3.4.3 SN比の計算方法の応用

前項では，機能の理想状態がゼロ点を通る比例関係でした．また，比較対象間（前問の製品UとV）で信号の水準$M_1 \sim M_5$の値は同じでしたし，データ数も信号5水準×ノイズ因子4水準＝20個で同じでした．これらは最も多いケースなのですが，実際にデータをとってSN比を計算しようとすると，さまざまな変化形が出てきます．本項ではいくつかのパターンに分けて説明します．

(1) 比較対象によって，信号の水準範囲が異なる場合[61]

たとえば，製品Vと製品Wで信号（網掛け部）の範囲が以下のように異なったとします（製品V, Wのデータとグラフ：**図表3.4.3.1～3.4.3.4**）

SN比の計算は製品V, Wごとに行いますが，そのときのr（信号の2乗和）の値がそれぞれ異なりますので別々に求めて使用します．それ以外の計算方法は前項と同じです（ちなみに，製品VのSN比は8.98db，製品WのSN比は7.15dbとなります）．このように信号の水準範囲が異なっても，公平にSN比が比較できるのは，このエネルギー比型SN比の特徴です[3-21]．

なお，機能性評価ではノイズ因子の水準値が異なるということは，まずありません．比較対象間で与えるノイズの厳しさが異なるということですから．

---

61 信号因子の水準値が比較対象間で異なるケースとして以下のような例があります．
　①電力と加工量の関係のように，入出力とも計測値で，値が成り行きで決まるような場合[3-18]．信号の範囲が比較対象間で異なる．
　②入力信号に時間をとって，処理（動作）完了までデータを取得する場合[3-19]に，比較対象間で時間（信号）範囲が異なる．
　③MT（マハラノビス・タグチ）システムにおいて，推定精度をSN比で評価する際に，データセット間で信号の範囲・大きさが異なる[3-20]．

図表3.4.3.1 製品Vのデータ（信号の範囲が0〜500）

	M_1	M_2	M_3	M_4	M_5
	100	200	300	400	500
N_1	23	48	73	99	122
N_2	38	78	116	157	199
N_3	51	106	161	216	274
N_4	64	139	205	276	347

図表3.4.3.2 製品Wのデータ（信号の範囲が0〜250）

	M_1	M_2	M_3	M_4	M_5
	50	100	150	200	250
N_1	8	21	29	44	51
N_2	19	35	61	77	103
N_3	25	52	86	110	133
N_4	35	85	123	156	192

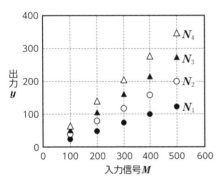

図表3.4.3.3 製品Vのグラフ
（信号の範囲が0〜500）

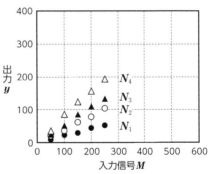

図表3.4.3.4 製品Wのグラフ
（信号の範囲が0〜250）

3.4 SN比はこわくない 〜エネルギー比型SN比〜

(2) 比較対象によって，信号の水準数が異なる場合[62]

たとえば，製品Vと製品Xで信号（網掛け部）の範囲は同じ（0〜500）で，信号の水準数が以下のように異なったとします（製品V，Xのデータとグラフ：**図表3.4.3.5〜3.4.3.8**）．製品Xについて製品Vと共通の水準（100，200，300，400，500）のデータだけを使って比較することもできますが，いつも共通の水準があるとは限りません．このような場合でも製品V，Xについてそれぞれ前項で説明したSN比を単独で求めて比較することができます（ちなみに製品VのSN比は8.98db，製品XのSN比は11.19dbとなります）．

図表3.4.3.5 製品Vのデータ（信号の範囲が0〜500，5水準）

	M_1	M_2	M_3	M_4	M_5
	100	200	300	400	500
N_1	23	48	73	99	122
N_2	38	78	116	157	199
N_3	51	106	161	216	274
N_4	64	139	205	276	347

図表3.4.3.6 製品Xのデータ（信号の範囲が0〜500，10水準）

	M_1	M_2	M_3	M_4	M_5	M_6	M_7	M_8	M_9	M_{10}
	50	100	150	200	250	300	350	400	450	500
N_1	15	30	41	52	60	78	95	103	122	143
N_2	21	39	63	80	101	121	140	166	187	220
N_3	27	49	77	99	122	145	166	207	223	254
N_4	30	61	85	111	147	187	212	241	272	309

---

62 データ数が比較対象間で異なる場合として以下のような例があります．
　①入力信号に時間をとって，一定時間間隔でデータを取得する場合[3-19]に，比較対象間で処理（動作）時間が異なると，データ数が変化する．
　②MT（マハラノビス・タグチ）システムにおいて，推定精度をSN比で評価する際に，データセット間でサンプル数が異なる場合[3-20]がある．
　③転写性の評価において，有限要素法などのシミュレーションを使用する場合，比較対象間でモデルのメッシュが異なることで，頂点数が変化することが想定される．これによって頂点間の距離数である信号因子数，データ数も変化する．

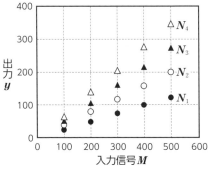
図表3.4.3.7　製品Vのグラフ
（信号の水準数が5）

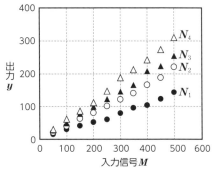
図表3.4.3.8　製品Xのグラフ
（信号の水準数が10）

　このように比較対象間でデータ数が異なっても，公平にSN比が比較できるのは，このエネルギー比型SN比の特徴です[3-21]。

　なお，機能性評価ではノイズ因子の水準数が異なるということはあまり考えられません（繰り返し数が異なることはあり得ます）．製品ごとに与えるノイズのパターンが異なるということですから，意味のない比較になってしまいます．

（3）データに抜け（欠測）がある場合

　仮に製品Vのデータの一部が抜けている場合を考えます（**図表3.4.3.9**）．たとえばデータを紛失したとか，出力が出なかったなどの場合です．これは原因によって対処方法が異なります．機能が低下してもはや出力が出なかった場合は，これは抜けではなく，出力0という意味で「0」を代入して計算すればよいのです．あるいは出力低下による抜けではなくデータ紛失や文字の判読不能などの場合は，周囲のデータから推定して代入する方法があります．

3.4 SN比はこわくない ～エネルギー比型SN比～

図表3.4.3.9 製品Vのデータ（M_1-N_1水準のデータが抜け）

	M_1	M_2	M_3	M_4	M_5
	100	200	300	400	500
N_1		48	73	99	122
N_2	38	78	116	157	199
N_3	51	106	161	216	274
N_4	64	139	205	276	347

　M_1-N_1水準のデータが「出力なし」の場合は，ここに0を入れて計算すると，SN比は8.85dbとなります．データの抜けがない場合は8.98dbでしたが，そのときより悪い結果（出力なし）が出たのですからその分SN比が小さくなったわけです．

　つぎにM_1-N_1水準のデータが紛失・読み取り不能の場合を考えます．この場合出力は分からないだけで，何らかの正常な出力があったわけですので，周囲のデータから推定します．ここでは，N_1-M_2水準のデータが48ですので，N_1-M_1水準（信号の水準値は半分）のデータはその半分の24として推定してこれを代入します．これで計算すると，SN比は8.99dbとなり，抜けがないデータの場合で求めた製品VのSN比（8.98db）とほぼ等しくなります．

　また別の方法としては，N_1水準の傾きβ_{N1}を求めるときに，M_2～M_5までの四つのデータだけを使って計算する方法でもSN比を計算できます（rの値に注意してください）．これも大きく結果が狂わない方法です．この場合のSN比は9.03dbとなります．データを推定して代入するのが気が進まず，存在するデータだけで勝負したい場合はこっちのほうがよいでしょう．いずれにしても結果に大差はありません．

(4) 機能の理想状態が線形でない

　3.2.5項で説明した過渡状態での入出力特性は非線形になります．また制御的機能の場合，その理想的な入出力の関係は，必ずしも線形にはならない場合があります．特に制御的機能の場合は，物理現象がどんな関数形になるかということより，「どのようなカーブにしたいか」という願望や目的が先にあるものです．そのような場合のSN比も，前項で説明したエネルギー比型SN比を

使って簡単に求めることができます.

異なるのは,「事前に座標変換を行って,理想がゼロ点比例となるようにする」ことです.では具合的なデータで見ていきましょう.

図表3.4.3.10 入力と出力の関係が非線形なデータ

	M_1	M_2	M_3	M_4	M_5
	10	20	30	40	50
N_1	8	31	19	39	63
N_2	6	24	11	25	41

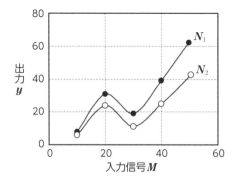

図表3.4.3.11 入力と出力の関係が非線形なデータのグラフ

欲しい入出力関係が非線形で,**図表3.4.3.10**,**図表3.4.3.11**のような状態であったとします.ノイズ因子が2水準の例です.このままでは,有効成分と有害成分に分けることができません.そのまま前項の計算式を使用できないのです.そこで,以下のようにして,一種の座標変換を行います.

①信号因子水準ごとにデータの平均値を求める

図表3.4.3.12のようになります.たとえば,M_1水準のN_0の値y_{01}は,

$$y_{01} = (y_{11} + y_{21})/2 = (8 + 6)/2 = 7$$

です.この平均値を結んだ曲線(**図表3.4.3.13**内の点線)は,平均的な曲線の形

3.4 SN比はこわくない ～エネルギー比型SN比～

状を表しています．これを標準条件（記号N_0）といいます．この標準条件からのばらつきを知りたいわけです．

図表3.4.3.12 信号因子水準ごとのデータの平均値（下段）

	M_1	M_2	M_3	M_4	M_5
	10	20	30	40	50
N_1	8	31	19	39	63
N_2	6	24	11	25	41
N_0	7	27.5	15	32	52

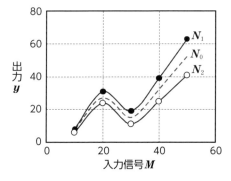

図表3.4.3.13 信号因子水準ごとのデータの平均値（点線）

②標準条件を新しい信号（入力）としてプロットしなおす

もとの入力信号Mの値の代わりに標準条件N_0の値を入力信号として使用します（**図表3.4.3.14**）．

図表3.4.3.14 信号因子水準ごとのデータの平均値を信号に置き換え

	M_1	M_2	M_3	M_4	M_5
	7	27.5	14.5	32	52.5
N_1	8	31	19	39	63
N_2	6	24	11	25	41
N_0	7	27.5	14.5	32	52

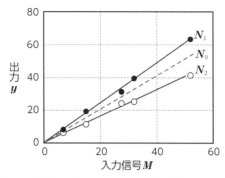

図表3.4.3.15 信号因子水準ごとのデータの平均値を信号に置き換えたグラフ

そして新しい信号を横軸にとってグラフにするとアラフシギ，N_1とN_2条件のグラフもN_0条件の上下にほぼゼロ点比例の形になってプロットされます（**図表3.4.3.15**）．

③SN比を計算する

ここまで来ればしめたものです．前項と同じ計算式でSN比を求めることができます．当然ですが，標準条件N_0のグラフは縦軸と横軸の値が同じなので傾きβ_{N0}は1になります．そのため，前項の計算よりもっと簡単になります．一応前項の手順で計算式を示しておきます．

$S_T = 8^2 + 31^2 + 19^2 + 39^2 + 63^2 + 6^2 + 24^2 + 11^2 + 25^2 + 41^2 = 9915$

$r = 7^2 + 27.5^2 + 15^2 + 32^2 + 52^2 = 4758.25$

$\beta_{N1} = (8 \cdot 7 + 31 \cdot 27.5 + 19 \cdot 15 + 39 \cdot 32 + 63 \cdot 52)/r ≒ 1.20$　※今回計算不要

$\beta_{N2} = (6 \cdot 7 + 24 \cdot 27.5 + 11 \cdot 15 + 25 \cdot 32 + 41 \cdot 52)/r ≒ 0.80$　※今回計算不要

$\beta_{N0} = (\beta_{N1} + \beta_{N2})/2 ≒ (1.20 + 0.80)/ = 1.00$　　※必ず1になるので計算不要

$S_\beta = 2r\beta_{N0}^2 = 9517$

$S_N = S_T - S_\beta = 9915 - 9517 = 399$

η（真数）$= S_\beta / S_N = 9517/399 = 23.88$

η（db）$= 10\log(23.88) ≒ 13.78$（db）

3.4 SN比はこわくない ～エネルギー比型SN比～

なお，平均値を**標準条件**（信号）としたSN比では，ノイズ因子に対する安定性のみの評価で，曲線が理想の形状に近いかどうかは判断しません．理想の形状からずれていても，それは後で調整できるとして安定性のみ評価しているわけです．このようなSN比を「**標準SN比**」とよんでいます．

理想形状からのずれも有害成分として同時に評価したい場合もあるかと思います．その場合は，標準条件（信号）を理想形状（目標値）とすればよいのです[63]．この場合は標準条件の傾きは1にはなりませんので，β_{N1}，β_{N2}，β_{N0}を求める通常の上記計算方法を用いてください．

(5) 静特性の場合

3.2.3項で機能が定義できない場合や計測できない場合は，代替特性として静特性で評価することを説明しました．**静特性の場合もエネルギー比型SN比の「有効成分と有害成分に分けてその比をとる」という考え方は同じ**です．データを $[y_1, y_2, y_3, \cdots, y_n]$（データ数 n）とします．

①望小特性のSN比

特性値が小さいほど良いという場合です．欲しくないものを測っているということですので，あまりお勧めしませんが，SN比は以下のように計算します．

全変動 S_T を平均の成分 S_m とばらつきの成分 S_e に分解して考えると，望小特性では S_m も S_e も小さいほうが望ましいため，いずれも有害成分です．大きくなってほしい有効成分はありませんので，便宜上1と定義します．有害成分は1データ当たりに基準化するためデータ数 n で割っておきます[64]．

$$S_T = y_1^2 + y_2^2 + \cdots + y_n^2$$

平均値 $\quad m = (y_1 + y_2 + \cdots + y_n)/n \qquad$ ※平均の傾きに相当

---

[63] 機能性評価では目標値を信号にすることはあり得ますが，パラメータ設計では目標値を信号にはしません．平均値を信号にした標準SN比でノイズ因子に対する安定性を改善（最適化）してから，目標形状に近づける調整（チューニング）を行います．チューニングの詳細は文献[3-22]を参考ください．

[64] 入力と出力信号がある動特性の場合の通常のSN比（**3.4.2項**）では，有効成分や有害成分をデータ数で割るような操作は見かけ上ありませんでしたが，これは分子の S_β にも分母の S_N にも共通の操作なので約分されていたのです．$\eta = (S_\beta/nr)/(S_N/nr)$ が本来の姿で，分子と分母の (S_β/nr) と (S_N/nr) は，有効成分と有害成分それぞれデータ数と信号の大きさで基準化した量を表しています（$nr = nkM^2$：k は信号水準数，M^2 は信号水準値の2乗平均）．

平均成分　$S_m = n \cdot m^2$　　　　　…有効成分

ばらつき成分　$S_e = S_T - S_m$　　　　…有害成分

$$\eta_{望小} = \frac{1}{(S_m + S_e)/n} = \frac{1}{(S_T/n)} \qquad 感度 S = 10\log\,(m^2)\,(\mathrm{db})$$

②望大特性のSN比

望大特性はもとのデータ y_i $(i = 1 \sim n)$ の逆数 $1/y_i$ を望小特性で評価します．したがって，データの逆数をとったあとは望小特性と同一の式になります．望大とは無限大が望ましい特性で，近年ではこのSN比はあまり使われません．

③望目特性のSN比

全変動 S_T を平均の成分 S_m とばらつきの成分 S_e に分解して考えると，望目特性では S_m は有効成分で大きいほど良く，S_e は有害成分で小さくなってほしいのです．そのため，これらをそれぞれ1データ当たりに基準化して，比をとるとよいのです（最終的には約分して消えます）．望目特性のSN比は動特性のSN比の信号1水準版ともいえるものです．

$$\eta_{望目} = \frac{S_m/n}{S_e/n} = \frac{S_m}{S_e} \qquad 感度 S = 10\log\,(m^2)\,(\mathrm{db})$$

④ゼロ望目特性

特性の平均値は後で自由に調整できる場合のSN比です．特性値の平均値の周りのばらつきのみ考慮します[65]．望目特性や望小特性では平均値の良し悪しを考えますが，ゼロ望目特性では考えません．全変動 S_T を平均の成分 S_m とばらつきの成分に分解 S_e して考えますと，ゼロ望目特性では S_m は有効成分でも有害成分でもない成分となります．つまりSN比の計算の分母にも分子にも入れません．また有効成分はありませんので，便宜上1と定義します．これも1データ当たりに基準化して，以下のようになります．

---

[65]「ゼロ望目」という名称から，0が理想というイメージがありますが，0が理想の特性は望小特性なのです．平均値が0付近の値を扱うことからこのような名称になったのかもしれません．

3.4 SN比はこわくない 〜エネルギー比型SN比〜

$$\eta_{\text{ゼロ望目}} = \frac{1}{S_e/n} \qquad 感度 S = 10\log\ (m^2)\ (\text{db})$$

　以上この項では，SN比の計算の応用について説明しました．エネルギー比型SN比の良いところは，一つの考え方でいろんな場合のSN比に応用が容易な点です．また次の注でも述べますように，SN比を使うにあたって，データ数の違いや信号水準の範囲の違いなどを意識せずに，比較対象どうしを公平に比較できるというメリットがありますので，特に初心者の方が使用するのには便利です．また，社内にSN比を教育・展開するときも非常に分かりやすいものになっていますので，ぜひご活用ください．

▶▶ 従来型の田口のSN比との違い

　いうまでもなく，機能性評価やパラメータ設計を含む品質工学という学問体系は，故・田口玄一先生がほぼ独力で開発されたものです．はじめにでも述べましたが，筆者はこのユニークで優れた方法論をできるだけ多くの方に使っていただけるようにさまざまな実用的な改良を加えてきました．その最たるもものが3.4節で紹介したエネルギー比型SN比なのです．このSN比は，関西品質工学研究会（http://kqerg.jimdo.com/）という品質工学会公認の地方研究会で考案・開発してきたものです．ここでは，従来型の田口先生のSN比（以下田口のSN比）との違いを簡単に見ておきます．詳細は文献［3-21］［3-23］を参照ください．

（1）比較対象によって信号の水準範囲が異なる場合の課題

　田口のSN比のうちゼロ点比例のSN比は3.4.3項（1）の比較対象によって信号の水準範囲が異なる場合に，SN比が公平に比較できない課題があります．当初，このように信号水準範囲が異なることが想定されていなかったためですが，実務上は信号水準範囲が異ならざるを得ない（揃えられない）場面があり，そのための考慮が必要でした．田口のSN比でも信号水準範囲を基準化するなどの留意を行えば公平に比較できるかもしれませんが，初心者がそのようなこ

とに気づき，ケースバイケースで対応するのは難しいのです．エネルギー比型SN比ではその点が改良されており，下記のような信号水準範囲の異なるデータでもSN比が対等に比較できるようになっています．

一例として，異なる2種類のLED光源の機能の安定性を比較した例を見ます（**図表3.4.3.16**，**図表3.4.3.17**）．定格が異なるため入力信号である電流の範囲が異なります（A社製は20mA，B社製は150mA定格）．LED光源を実製品に組み込むときは，光源を複数組み合わせて，所望の明るさを得るため，異なる定格の光源が比較対象として選ばれ得るのです．

グラフではA社製よりもB社製のほうが，入出力の傾きの変化率が小さく，SN比はB社製のほうが大きな値になることが期待されます．

図表3.4.3.16 LED電流-輝度特性データ（左：A社製，右：B社製）

A社製LED輝度値（cd/m^2）						B社製LED輝度値（cd/m^2）				
ノイズ因子	電流（mA）→	5	10	15	20	ノイズ因子	電流（mA）→	60	90	120	150
初期	サンプル1	169	316	438	578	初期	サンプル3	1753	2556	3307	4026
	サンプル2	159	297	424	541		サンプル4	1817	2664	3443	4185
劣化後	サンプル1	116	217	313	399	劣化後	サンプル3	1653	2433	3163	3824
	サンプル2	126	199	285	363		サンプル4	1741	2568	3339	4046

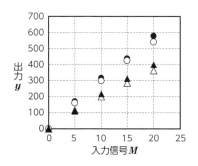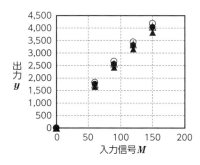

図表3.4.3.17 LED電流－輝度特性グラフ（左：A社製，右：B社製）
※グラフのスケールが異なることに注意

3.4 SN比はこわくない ～エネルギー比型SN比～

　図表3.4.3.18，図表3.4.3.19にSN比の計算結果を示します．エネルギー比型SN比ではグラフの傾きの変動から判断できる機能の安定性（A社が悪く，B社が良い）と一致しています．一方，従来の田口のSN比ではその関係が逆転しています．これは<u>田口のSN比が入力信号データ（ここでは電流）の大きさの影響を受けている</u>ためなのです．

図表3.4.3.18　従来のSN比とエネルギー比型SN比の比較

ゼロ点比例式のSN比の比較	A社のSN比 (db)	大小関係	B社のSN比 (db)	SN比の差（db）(A社－B社)
従来のSN比 (田口のSN比)	－8.795	＞	－13.447	4.653
エネルギー比型SN比	14.217	＜	27.679	－13.462

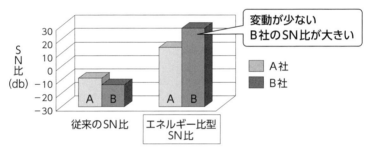

図表3.4.3.19　従来のSN比とエネルギー比型SN比の比較

(2) 比較対象によってデータ数（信号の水準数）が異なる場合の課題

　田口のSN比のうち，標準SN比は3.4.3項（2）の比較対象によってデータ数（信号の水準数）が異なる場合に，SN比が公平に比較できない課題があります．当初，このように信号水準数などのデータ数が異なることが想定されていなかったためですが，実務上は信号水準数やデータ数が異ならざるを得ない（揃えられない）場面があり，そのための考慮が必要でした．田口のSN比でも信号水準を適当に間引いて水準数を合わせるなどの留意を行えば公平に比較

できるかもしれませんが，初心者がそのようなことに気づき，ケースバイケースで対応するのは難しいのです．エネルギー比型SN比ではその点が改良されており，下記のような信号水準数が異なるデータでも対等に比較できるようになっています．

一例として，異なる2種類の引張試験装置について接合部の機能の安定性（変位－荷重特性の安定性）を比較する場合を考えます（**図表3.4.3.20**，**図表3.4.3.21**）．この評価では，入力信号（変位）の範囲や誤差因子の水準（8水準：4サンプルの新品条件と劣化条件）は共通ですが，引張試験装置によって，入力信号である変位の水準間隔が異なっており，信号因子水準数が異なるのです．その結果両者で，全データ数が異なるわけです．

本項のSN比の比較検証では，同一サンプル・同一試験装置において，信号因子水準数 $k = 20$ の試験結果と，そこからデータを均等に間引いて $k = 5$ としたものを比較しました．これは，引張試験は破壊試験のため，同一サンプルを二つの異なる引張試験機でデータ取得することはできないためです．実務では別々のサンプルの比較を実施するのが，ここではデータ数の影響のみ見たいのでこのようにしたのです．

図表3.4.3.21のグラフの傾きの変化率はほぼ同じで，SN比の値もほぼ同じ値となることが期待されます．従来の田口のSN比とエネルギー比型SN比の計算結果を**図表3.4.3.22**，**図表3.4.3.23**に示します．

3.4 SN比はこわくない 〜エネルギー比型SN比〜

図表3.4.3.20 引張試験データ（全データ：20水準，網掛け部：5水準）

変位	荷重1	荷重2	荷重3	荷重4	荷重5	荷重6	荷重7	荷重8
1	0.559	0.969	0.597	0.816	0.729	1.080	0.718	0.508
2	0.670	1.162	0.717	0.979	0.874	1.296	0.861	0.610
3	0.782	1.356	0.836	1.142	1.020	1.512	1.005	0.712
4	0.894	1.550	0.956	1.306	1.166	1.728	1.148	0.813
5	1.117	1.937	1.195	1.632	1.457	2.160	1.435	1.017
6	1.006	1.743	1.075	1.469	1.311	1.944	1.292	0.915
7	1.232	2.263	1.358	1.936	1.656	2.547	1.579	1.118
8	1.347	2.588	1.522	2.240	1.856	2.934	1.722	1.220
9	1.463	2.914	1.685	2.544	2.055	3.321	1.866	1.322
10	1.578	3.240	1.848	2.848	2.254	3.708	2.009	1.424
11	1.693	3.565	2.012	3.151	2.454	4.095	2.153	1.525
12	1.808	3.891	2.175	3.455	2.653	4.483	2.296	1.627
13	1.923	4.217	2.339	3.759	2.852	4.870	2.440	1.729
14	2.038	4.543	2.502	4.063	3.052	5.257	2.583	1.830
15	2.153	4.868	2.666	4.367	3.251	5.644	2.727	1.932
16	2.268	5.194	2.829	4.671	3.451	6.031	2.870	2.034
17	2.434	5.541	3.067	4.976	3.740	6.383	3.184	2.451
18	2.601	5.889	3.306	5.281	4.029	6.736	3.498	2.868
19	2.767	6.236	3.544	5.586	4.318	7.088	3.812	3.285
20	2.934	6.583	3.782	5.891	4.607	7.440	4.126	3.702

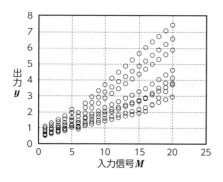 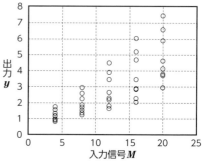

図表3.4.3.21 引張試験データのグラフ（左：全データ20水準，右：5水準）

図表3.4.3.22 従来のSN比とエネルギー比型SN比の比較

標準SN比の比較	$k = 20$の場合 (db)	大小関係	$k = 5$の場合 (db)	SN比の差（db） $(k=20)-(k=5)$
従来のSN比 （田口のSN比）	31.595	>	25.598	5.997
エネルギー比型SN比	9.374	≒	9.602	−0.227

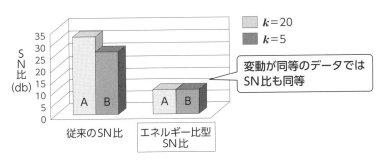

図表3.4.3.23 従来のSN比とエネルギー比型SN比の比較

エネルギー比型SN比はSN比と機能の安定性とがほぼ一致しています．一方，従来の田口のSN比では同じ機能の安定性にもかかわらずSN比は大きく異なっています．<u>これは田口のSN比が入力信号水準数（すなわちデータ数）の大きさの影響を受けている</u>ためなのです．

以下参考までに田口のSN比について，ゼロ点比例のSN比と，標準SN比の式を掲げておきます．

＜田口のSN比：ゼロ点比例SN比＞
iはノイズ因子水準，jは信号因子水準を表す．

$$S_T = \sum_{i=1}^{n} \sum_{j=1}^{k} y_{ij}^2 = y_{11}^2 + y_{12}^2 + \cdots + y_{nk}^2$$

3.4 SN比はこわくない 〜エネルギー比型SN比〜

$r = \sum\limits_{j=1}^{k} M_j^2 = M_1^2 + M_2^2 + \cdots + M_k^2$ 　　（信号因子水準が共通の場合）

$$\begin{cases} L_1 = \sum\limits_{j=1}^{k} M_j y_{1j} = M_1 y_{11} + M_2 y_{12} + \cdots + M_k y_{1k} \\ L_2 = \sum\limits_{j=1}^{k} M_j y_{2j} = M_1 y_{21} + M_2 y_{22} + \cdots + M_k y_{2k} \\ \cdots \\ L_n = \sum\limits_{j=1}^{k} M_j y_{nj} = M_1 y_{n1} + M_2 y_{n2} + \cdots + M_k y_{nk} \end{cases}$$

$S_\beta = \dfrac{(L_1 + L_2 + \cdots + L_n)^2}{nr}$

$S_{N \times \beta} = \dfrac{L_1^2 + L_2^2 + \cdots + L_n^2}{r} - S_\beta$

$S_e = S_T - S_\beta - S_{N \times \beta}$

$V_e = \dfrac{S_e}{n(k-1)}$

$V_N = \dfrac{S_e + S_{N \times \beta}}{nk - 1}$

$\eta = \dfrac{\dfrac{1}{nr}(S_\beta - V_e)}{V_N}$

＜田口のSN比：標準SN比＞

$S_T = y_{11}^2 + y_{12}^2 + \cdots + y_{nk}^2$

$y_{0j} = \dfrac{\sum\limits_{i=1}^{n} y_{ij}}{n}$ 　　（$j = 1 \sim k$，標準条件を平均値とする場合）

$r = y_{01}^2 + y_{02}^2 + \cdots + y_{0k}^2$

$$\begin{cases} L_1 = y_{01} y_{11} + y_{02} y_{12} + \cdots + y_{0k} y_{1k} \\ L_2 = y_{01} y_{21} + y_{02} y_{22} + \cdots + y_{0k} y_{2k} \\ \cdots \\ L_n = y_{01} y_{n1} + y_{02} y_{n2} + \cdots + y_{0k} y_{nk} \end{cases}$$

$$S_\beta = \frac{(L_1 + L_2 + \cdots + L_n)^2}{nr}$$

$$S_{N\times\beta} = \frac{L_1{}^2 + L_2{}^2 + \cdots + L_n{}^2}{r} - S_\beta$$

$$S_e = S_T - S_\beta - S_{N\times\beta}$$

$$V_e = \frac{S_e}{n(k-1)}$$

$$V_N = \frac{S_e + S_{N\times\beta}}{nk-1}$$

$$\eta = \frac{S_\beta - V_e}{V_N}$$

3.5 P-diagramで機能性評価の計画を！ ～実験手戻り防止のために～

3.1節で，機能性評価の計画をP-diagramという一つのチャートにまとめる話をしました（**図表3.1.1**再掲）．P-diagramは機能性評価による「使用段階での実力の見える化」の前の，「技術者の考えの見える化」です（**図表1.7.1**再掲）．

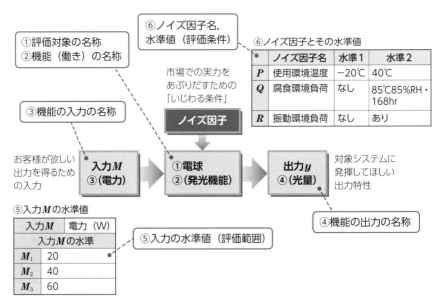

図表3.1.1（再掲） P-diagramの構成

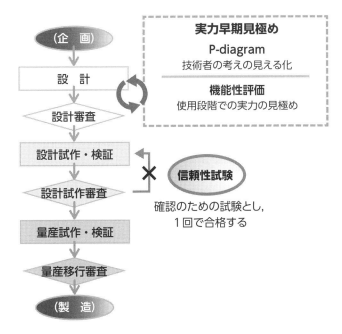

図表1.7.1（再掲）　目指すべき設計・開発プロセス

　P-diagramをデザインレビュー前の設計の確認情報として，ピアレビューに活用することで，以下のような内容を事前チェックすることができます．技術者の独りよがりではない，第三者からの意見も取り入れることで，機能やノイズ因子などの見落としを防ぐことができます．

▶▶ P-diagramの確認事項
（1）機能の定義

　P-diagramの中央には評価対象の機能の入出力が記載されていますが，まずは別紙として作成された機能ブロック図をレビューします．設計対象の理解が浅いと機能ブロック図は不完全なものとなります．製品全体の構成，各サブシステム（サブ機能）の関係（エネルギーの流れと信号の流れ），スコーピングの妥当性などをチェックします．機能の表現が妥当なものかどうかは，**3.2.3**項で紹介した「ステップ1：機能の基本公式」と「ステップ2：機能表現の二

3.5 P-diagramで機能性評価の計画を！ 〜実験手戻り防止のために〜

つの型」に当てはまっているかでチェックできます．入力信号の範囲が妥当かをチェックしましょう．さらに過渡特性でも計測できないか検討しましょう．

(2) ノイズ因子

まずは別紙として作成された特性要因図等をレビューして，検討したばらつき要因にもれがないかを多数の目でチェックします．またそれぞれのばらつき要因への対応の分類が妥当かどうかも確認します．**3.3.3項**で説明したノイズ因子の選び方を参考に，P-diagramに記載されたノイズ因子でよいのかを吟味します．ノイズ因子の水準の決定理由とともに，水準値や水準数の妥当性をチェックします．またこれらのノイズ因子をどのように組み合わせるのか，直交表を用いるのか，調合するのか，順次印加する場合はどのような考え方でどのような順番で行うのか，などを確認していきます．

(3) 比較対象または制御因子

機能性評価の場合は，比較対象の設定が必要です．比較対象は実績のある従来品や，他社品のほか，今回設計したいくつかのアイデアの比較の場合もあります．さらにパラメータ設計を実施する場合は，制御因子（直交表で組み合わせる設計パラメータ）の情報も記載します（本書では詳しく扱いません）．

以上のように，機能性評価やそのほかのばらつき要因への対応で失敗しないように，できるだけ上流の段階で，P-diagramを大勢の目で見て，さまざまな専門家の知見を反映させるようにしましょう．また，このようにして培ったP-diagramはその組織の重要な資産となります．製品分野の質の高いP-diagramを蓄積，再利用して品質設計，品質評価のレベルを上げていきましょう．

3.4節・3.5節のまとめ

- [ ] SN比とは機能の安定性のものさし．

- [ ] SN比は，出力の全成分を増えてほしい成分と，減ってほしい成分に分けて，それらの比をとったもの．

- [ ] SN比が大きいほど，その製品（評価対象）の機能の安定性が高い．これはさまざまなお客様の使用条件や環境において，いつでもどこでも安定に機能するということ．劣化にも強いので長寿命．

- [ ] エネルギー比型SN比を用いる．四則演算だけで計算でき，非常に使いやすく，メリットも多い．

- [ ] エネルギー比型SN比では，有効成分（平均的な傾きの成分）が求まれば，有害成分は，全成分から有効成分を引いた差で簡単に求められる．

- [ ] SN比が真数で100（20db）なら傾きの0.1倍（10％）程度，真数で10000（40db）なら傾きの0.01倍（1％）程度ばらついている．

- [ ] エネルギー比型SN比は，比較対象によって，信号の水準範囲が異なる場合や，信号の水準数が異なる場合，データに抜けがある場合にも対応できる．

- [ ] 機能の理想状態は線形でない場合は，座標変換を行い，ゼロ点比例の形にもっていく．このようなSN比を標準SN比という．

- [ ] 静特性のさまざまなSN比もエネルギー比型SN比の考え方で，同じように計算できる．

- [ ] エネルギー比型SN比は，従来型のSN比の課題を豊富に解決している．

- [ ] P-diagramを機能性評価の計画や結果の確認情報として活用する．できるだけ上流の段階で，P-diagramを大勢の目で見て，さまざまな専門家の知見を反映させる．

- [ ] 確認事項は，①機能の定義，②ノイズ因子，③比較対象または制御因子．

特別付録
品質工学実験の計画・解析シート

　本書では，品質工学の重点となる基礎の部分は，機能性評価およびその計画のアウトプットであるP-diagramにあると考え，それを中心に解説してきました．設計品質の改善手法である**パラメータ設計は，①改善のためのアイデア（技術者自身の創造性）が必要な部分と，②ルーチンワークとしてのツール的な部分を，機能性評価の土台に載せたもの**と考えています．改善のためのアイデアは製品個別の内容であり，また競争力の源泉となるものですので，品質工学の範疇ではありません．そこで，本書では十分に触れられなかったパラメータ設計のツール的な部分について補完するために，本書の特別付録として，「品質工学実験の計画・解析シート」（以下本ツール）を無償ダウンロードできるサービスをつけました．

　本ツールで実施できることは以下のとおりです．
① 機能性評価またはパラメータ設計の実験計画（P-diagram）
② P-diagramにユーザが記載した制御因子のL_{18}直交表への自動割り付け．
③ L_{18}直交表実験のデータシート．ユーザによってデータ入力．
④ 自動的に実験No.ごと（No.1〜18）のエネルギー比型SN比（ゼロ点比例SN比，標準SN比，望目特性SN比に対応）を自動計算．
⑤ 入出力グラフとSN比・感度の要因効果図の自動描画．
⑥ ユーザが制御因子の最適条件候補，比較条件を指定すると，その2条件のSN比・感度の利得（改善の大きさ）の推定値を自動計算．
⑦ 確認実験用のデータシート（最適条件，比較条件）．ユーザによってデータ入力．
⑧ 前記2条件のエネルギー比型SN比を自動計算．⑥の推定利得と比較して再現性の数値を自動計算．

いかがですか．実験計画以降ユーザが実施するのは，パラメータ設計の手順にのっとって，実験を行い，そのデータを入力すること，あとは出力された解析結果を吟味して最適条件を検討するだけです．本ツールだけでも数万円の価値があると自負しています．ぜひみなさんの設計・開発や学習にお役立てください．

以下，データの入力方法と，出力される情報の見方を中心に解説します．紙面だけではパラメータ設計の手順やツールの詳細について説明に限りがありますので，実際に本ツールをダウンロードしていろいろと触ってみてください．本書の演習問題のSN比も計算できます．

本ツールの使用方法

(1) ダウンロードとインストール

① 下記のサイトより本ツールをPCにダウンロードします．アクセスするとパスワードが求められますので「JSA2016%tsuruzoh」と入力して入場ください。https://tsuruzoh.jimdofree.com/

② ファイルをExcelから起動すればすぐに使用できます．

(2) 実験計画シートへの入力

① 「実験計画」シートを開きます（**図表 付録.1**）．

② 実験計画の検討内容がいろいろと書き込めるようになっていますので，完成させて，デザインレビューの資料などに活用ください．

③ 「実験計画」シートで他のシートとリンクしているのは，P-diagramの制御因子の部分です（**図表 付録.2**）．ここに制御因子名と水準値を記入してください（2水準因子が一つ，3水準因子が七つまで）．制御因子が8因子未満の場合は空欄があっても構いません．

(3) 直交表への割り付け

① (2) ③を記入後，「L_{18}直交表（制御因子用）」シートを開きます．

② P-diagramに入力した制御因子が自動的にL_{18}直交表に割り付けられていることを確認してください（**図表 付録.3**）．実験No.ごとに制御因子の組み合わせを確認して，問題がある場合は制御因子の水準等を見直してください．

（4）実験データの入力

① L_{18}直交表の条件に従って，実験データを取得します．この際，ノイズ因子の割り付けにも直交表を用いる場合は，「ノイズ因子用直交表」シートに記載の直交表を活用してください（この直交表は他のシートにリンクしていません）．

② 取得したデータおよび信号水準を「No.1」，「No.2」，…，「No.18」シートにそれぞれ入力します（**図表 付録.4**）．信号因子とノイズ因子の向きに注意してください．また長方形のデータの入力範囲（A部）に空欄がないこと，それ以外の範囲にデータや文字が記入されていないことを確認してください．

③ D37セル以下に信号水準ごとの平均値が自動計算されます．標準SN比を計算したい場合は，平均値をC37以下の信号値のセルから参照するようにして，信号値が平均値となるようにしてください（**図表 付録.5**）．なお，望目特性のSN比の場合は信号水準はありませんので，信号水準を用い，信号値に1を記入することで望目特性のSN比が計算されます（**図表 付録.6**）．

④ D25セル（B部）にエネルギー比型SN比，その下に傾きや感度が自動計算されます．上半分の計算エリア（C部）は計算の途中経過を確認するものですので，書き換えないようにしてください．

⑤ また同時にグラフが描画（D部）されますので，はずれ値やグラフの傾向から，データ入力ミスがないか，期待したとおりのグラフ形状になっているかなどを確認してください．また，「グラフ」シートで全条件のグラフを一覧できます（軸の範囲や装飾はユーザで調整してください）．

(5) 要因効果の確認と確認実験条件の設定

① 「要因効果図」シートを開きます（**図表 付録.7**）．左上（E部）には，L_{18}直交表の各行の条件に対応するSN比，傾き，感度が表示されています．その右（F部）は要因効果図を描画するための補助表です．

② その下の左（G部）には，SN比，傾き，感度の要因効果図が自動描画されます．

③ ユーザは，補助表あるいは要因効果図を見ながら，最適条件（候補）と比較条件を検討して決めます．補助表の入力部（H部）に，最適条件と比較条件に相当する水準のSN比と感度をコピー（参照）します．初期設定は，最適条件にSN比，感度の最適水準の値が記載されていますので，そうでない場合は適宜書き換えてください．SN比ではなく感度を優先する制御因子がある場合もありますし，SN比と感度とで最適水準が異なる場合はどちらかの最適水準に統一する必要があります．

④ ③の設定を行うと，補助表の右の部分（I部）に推定の利得（改善効果）が計算されます．初期設定では8因子のうち利得の大きい4因子で推定するようになっていますが，利得の右の部分（J部）の値を変更することで何因子まで推定するか設定できます（全因子推定に使いたい場合は8を設定）．

(6) 確認実験の実施と再現性の確認

① (5) ③で決定した最適条件（候補），比較条件について再度実験とデータ取得を行います（確認実験）．最適条件（候補）データは「確認実験1」，比較条件（候補）データは「確認実験2」シートにそれぞれ入力してください．入力方法やSN比などの計算の流れは，他のデータシート「No.1」～「No.18」と同じです．

② データ入力後，「要因効果図」シートを開きます．左上の直交表の下（K部）に確認実験のSN比，感度の利得，再現性などが自動計算されています．再現性が基準（±3dbまたは±30%）に入っていれば再現性ありという判定が出ます．パラメータ設計の機能は以上です．

（7）機能性評価の場合

　機能性評価の場合は制御因子の直交表および要因効果図は使用しませんので，データシート「No.1」〜「No.18」をSN比計算用に使用してください．要因効果図に表示される情報は無視してください．ノイズの要因分析機能はついていません．

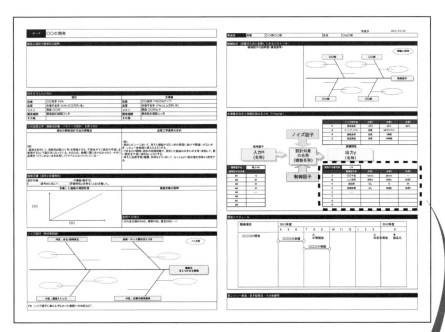

図表 付録.1 「実験計画」シート

図表 付録.2 「実験計画」シートの制御因子入力部

特別付録 品質工学実験の計画・解析シート

図表 付録.3 「L_{18}直交表（制御因子用）」シート（一部）

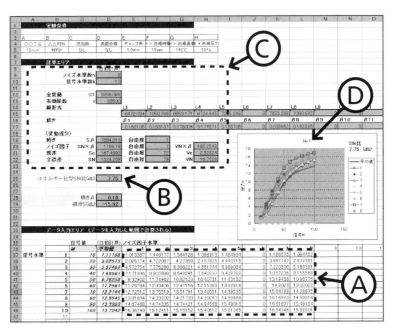

図表 付録.4 「No.1」～「No.18」シートの例

199

特別付録

図表 付録.5 信号値 M に平均値を設定した例（標準SN比計算時）

図表 付録.6 信号に「1」を設定した例（望目特性のSN比計算時）

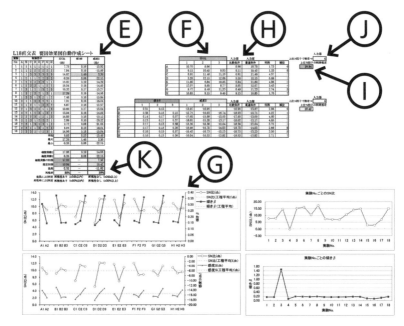

図表 付録.7 「要因効果図」シート

200

注意事項

① ダウンロードのサイトは予告なく移動,廃止する場合があります.あらかじめご了承ください.

② 動作にはMicrosoft Excel2003以降が必要です.マクロ等特別な機能は使用していませんが,バージョンの違い等による動作保証はいたしません.

③ 本ツールの販売,有償セミナーでの利用,インターネットサイト(SNS含む)への公開を禁止します.本書の読者およびその所属組織での設計・開発業務,教育・学習に使用することを許可します.

④ 本ツールを用いて生じた損害については,当方は一切責任を負わないものとします.

引用・参考文献

[1-1] N-TZD研究会報告書 http://qcd.jp/pdf/corporateActivuty/n-tzd-R.pdf

[1-2] 狩野，瀬楽，高橋，辻（1984）：魅力的品質と当たり前品質，日本品質管理学会会報「品質」，14 (2)，pp.39-48.

[1-3] H.Hamada（1991）：Euro Pace Quality Forum.

[1-4] 吉澤正（2004）：クォリティマネジメント用語辞典，日本規格協会，pp.307-308.

[2-1] 鶴田，濱走，村井（2007）：新型直交ギヤードモータ"スーパーヘリクロス"のロバスト設計，三菱電機技報，81, 3, pp.37-40.

[2-2] 鶴田，牟田，末永，村井（2006）：新型直交歯車の開発，第14回品質工学研究発表大会（QES2006）論文集，pp.54-57.

[2-3] 執行，境，安村，春名（2011）：機能性評価によるLEDパッケージの短時間評価技術開発，第19回品質工学研究発表大会予稿集，品質工学会，pp.246-249.

[3-1] 上野憲造（1995）：開発現場における品質工学 機能性評価による機械設計，日本規格協会，pp.31-33.

[3-2] 鶴田明三（2010）：微小信号での機能性が重要な場合の評価方法〜流量制御システムの設計〜，第18回品質工学研究発表大会論文集，pp.62-65.

[3-3] たとえば総括的なものとして，田口玄一，横山巽子（2007）：ベーシックオフライン品質工学，日本規格協会，第5章．

[3-4] たとえば計算方法の参考となるものとして，矢野宏（1998）：品質工学計算法入門，日本規格協会．

[3-5] たとえばシミュレーションを使ったパラメータ設計の参考書として，田口玄一，矢野宏（2004）：コンピュータによる情報設計の技術開発，日本規格協会．

[3-6] 田口玄一（1999）：品質工学の数理，日本規格協会，p.62.

[3-7] 田口玄一（2005）：研究開発の戦略，日本規格協会，p.77.

[3-8] 田口玄一（2007），矢野宏，品質工学会：品質工学便覧，日刊工業新聞社，p.27.

[3-9] 鶴田明三（2005）：NC加工機主軸用モータの低騒音化・高生産性設計，第13回品質工学研究発表大論文集，pp.338-341.

[3-10] 亀田（2013）：CAEを活用したパラメータ設計による電動モータのトルク変動低減，QES 2013 No.8, pp.30-33.

[3-11] 田口玄一，矢野宏，品質工学会（2007）：品質工学便覧，日刊工業新聞社，p.12.

[3-12] 田口玄一，矢野宏，品質工学会（2007）：品質工学便覧，日刊工業新聞社，p.16.

[3-13] 田口玄一，矢野宏，品質工学会（2007）：品質工学便覧，日刊工業新聞社，p.16.

[3-14] 田口玄一，矢野宏，品質工学会（2007）：品質工学便覧，日刊工業新聞社，pp.311-316.

[3-15] Wikipedia（https://ja.wikipedia.org）「液晶ディスプレイ」の項．

[3-16] 初心者向けではたとえば，ものづくり.comの技法紹介のウェブサイト（http://www.monodukuri.com/gihou）の「直交表」の項．

[3-17] 矢野宏（1998）：品質工学計算法入門，日本規格協会，pp.21-22.

[3-18] たとえば，奈良，石坪，志村，理寛寺（2001）：機能性評価による小型DCモータの最適化，品質工学，9, 5, pp.34-41.

[3-19] たとえば，矢野，西内，小山，北崎，木村（1997）：医薬品の噴霧乾燥の品質工学による機能性評価，品質工学，5, 5, pp.29-37.

[3-20] たとえば，矢野，早川（2009）：MTシステムによる地震の予測の可能性の研究，標準化と品質管理，62, 7, pp.27-40.

[3-21] 鐵見，太田，清水，鶴田（2010）：品質工学で用いるSN比の再検討，品質工学，18, 4, pp.80-88.

[3-22] 田口玄一，矢野宏，品質工学会（2007）：品質工学便覧，日刊工業新聞社，pp.105-108.

[3-23] 鶴田，太田，鐵見，清水（2008）：新SN比の研究（1）～（5），第16回品質工学研究発表大会論文集，pp.410-429.

あとがき

　本書を最後まで読んでいただき，本当にありがとうございました．

　筆者が品質工学に出会ったのは1999年で，それ以来学会や研究会に参加しながら，自身が勤める会社でその実践や展開を行ってきました．田口先生の斬新な考え方にカルチャーショックを受けながらも，実務上でさまざま疑問を抱きながら，あるときは独学で，あるときは社外の識者の方に相談しながら（田口先生にも研究会で3回ほどご指導いただきました），少しずつ品質工学を習得してきました．

　筆者自身が初めて品質工学（パラメータ設計）を実践したのは，基板実装工程の歩留り改善でしたが，今思えば間違いだらけのやり方にもかかわらず，ビギナーズラックもあって不良率を1/50に減らすことができました．これで一気に品質工学のとりこになったのです．しかし筆者自身もパラメータ設計の実践を積み重ねていく中で，再現性が得られないなどの本質的な（というより，筆者自身の技術力に起因する）問題が散見されるようになり，ただ直交表で実験をやればよいというものではないことが分かってきました．

　また，小規模ながら社内で品質工学を展開するようになって，品質工学がうまく使えない，難しくて理解できない，一度実施したきりリピートしない，といった問題に直面することになりました．筆者はもともと生産技術屋だったため，製造プロセスの中で制御因子を変更して直交表の実験をするのには，それほど抵抗はありませんでしたが，製品の設計・開発部門からすれば，18通りの試作品を作るというのは非常にハードルが高かったわけです．

このような背景のなか，全社で設計品質の向上を推進する活動（その中の子コアメソッドの一つは品質工学）が発足され，一部の研究者ではなく，普通の技術者なら誰でも使えて成果が出せるような，それでいて本質ははずさないような品質工学の活用方法を考えるようになりました．設計・開発の初期段階へ機能性評価の関所を設けることもその一つですし，機能性評価をうまくやるための機能の考え方，ノイズ因子の抽出方法，SN比の計算方法，P-diagramによる計画の確認など，方法論を体系化してきました．その一部は品質工学会にも発表してきました．

　並行するように，縁あって日本規格協会さんの品質工学セミナー入門コース（関西地区，福岡地区）の講師をさせていただくことになり，その中で筆者が実践の中で紡いだ方法論を解説してきました．受講者の方の評価は上々で，現在も続いています（まえがきのアンケート参照）．本書はその2日間のセミナーの1日目に相当する部分を，より詳しく再現したものです．2日目はパラメータ設計の話や，その他の品質工学の手法を紹介していますので，ご興味のある方はぜひセミナーに参加いただければと思います（日本規格協会 https://www.jsa.or.jp/）．

　そして一つお願いしたいことは，この本を読んでそのままにしないでほしいということです．本書は品質工学をみなさんの職場で実際に活用するための本です．演習問題を解いて，気が付いたことは書き込んで，ボロボロにしていただければ嬉しいのです．まずは，現在設計・開発している製品やサブシステムの機能ブロック図を作ってみる，特性要因図を使ってばらつき要因を洗い出して何人かでレビューしてみる，といったことからでも結構です．実際に機能性評価やパラメータ設計の実験までしなくても，P-diagramの見える化だけでも設計に役に立つ知見が得られます．とにかく，何か一つ行動を起こすことで，具体的な結果が生まれ，それによって次にアクションが見えてきます．あれこ

あとがき

れ考える前にまず，最初の一歩を踏み出してみませんか．

品質工学の理念に「社会的損失の最小化」，「個人の自由の和の拡大」があります．非常に大きな話で，筆者を含めた凡人にはとうてい普段からそのような大きなことを念頭において仕事することは難しいものです．そこで，こう考えてはどうでしょうか．まず技術者自身がよい仕事をする．それは本書で紹介した考え方を使って，効率よく手戻りの少ない方法で，よい品質の製品を作り出すということです．残業や休日出勤が減らせれば家族や健康にもよい影響をもたらします（技術者として，個人としての幸せ）．技術者がそれぞれよい仕事をすれば，その会社はよい製品を適正な利益でもって世の中に送り出せるので，評判が上がり，持続可能な発展ができます（会社の幸せ）．よい製品は社会やお客様の役に立つことで，あるいは「あたりまえ品質」によって迷惑をかけないことで，品質工学が目指す「社会的損失の最小化」や「個人の自由の和の拡大」に少なからず貢献できるのではないでしょうか（社会の幸せ）．

本書を発刊するにあたり，執筆の指導をいただいた室谷誠氏をはじめとする日本規格協会出版・研修ユニットの方々，品質工学の論文内容の記載を許可いただいた品質工学会，さまざまなアドバイスやアイデアを得るために議論させていただいた関西品質工学研究会の方々，三菱電機グループの品質工学の同志の仲間，そのほかの多くの方のご協力，ご支援を賜りました．この場をお借りして感謝申し上げます．

さいごに，私がせわしく人生を追求する中，笑顔と手料理で健康を気遣ってくれている，妻 綾子と娘 七彩（ななさ）へ．いつもありがとう．

2016 年 1 月 31 日 兵庫県伊丹市の自宅にて

鶴田　明三（ブログ：https://tsuruzoh-qe.blogspot.com）

索 引

アルファベット

FMEA（Fault(Failure)Mode and Effect Analysis, フォールトモード（故障モード）と影響解析）/FTA（Fault Tree Analysis, 故障の木解析） ……… 34
JIS Q 9025 ……… 13
LED ……… 60
NOx（窒素酸化物） ……… 108
P-diagram ……… 63, 68, 190
QFD（Quality Function Deployment, 品質機能展開） ……… 71
SN比 ……… 34, 43, 160
TRIZ（Theory of Inventive Problems Solvingのロシア語，発明的問題解決理論） ……… 71
VE（Value Engineering, 価値工学） ……… 71

あ行

悪魔のサイクル ……… 16
あたりまえ品質 ……… 8, 40
安定性 ……… 8
　——のものさし ……… 160
一元的品質 ……… 6
一律の変化率 ……… 141
一石全鳥 ……… 107
インターフェース ……… 117
上野憲造 ……… 75
液晶パネル ……… 112
Excel関数 ……… 163, 164
エネルギー比型SN比 ……… 162
エネルギー変換機能 ……… 84
エネルギー変換機能の理想状態 ……… 84
エネルギー保存の法則 ……… 73
L_8直交表 ……… 143
お客様が欲しい出力 ……… 82
お客様の立場 ……… 41

か行

外乱 ……… 125
化学反応 ……… 107
確認実験 ……… 81
数の壁 ……… 21, 23
画像システム ……… 89, 90
加速 ……… 23, 50
ガソリンエンジン ……… 107
傾き β ……… 44
過渡状態 ……… 58, 78, 118, 119
狩野モデル ……… 5, 6
下流再現性 ……… 80
環境条件 ……… 22, 125
関西品質工学研究会 ……… 182
感度 ……… 168
機械的なエネルギーの伝達 ……… 52
技術統合 ……… 116
技術の棚 ……… 111
機能 ……… 34, 35
　——性評価 ……… iv, 26, 27, 34, 134
　——性評価の計画 ……… 68, 190
　——設計 ……… 8, 99
　——展開 ……… 112
　——の安定性 ……… 30
　——の安定性評価 ……… iv, 26

207

——の基本公式	82
——の定義	191
——の理想状態が線形でない	176
——表現の二つの型	83
——ブロック図	112
基本機能	106
ギヤードモータ	52
逆転現象	60
行	144
共振	105
クレーム	18
計測器	92
計測手段がない	102
欠測	175
研究開発	28
検査	3, 21
公害	73, 108
変換効率が重視される	84
交互作用	81, 156
購入部品	3, 60
効率	37, 85
コギングトルク	105
誤差因子	vi, 41
故障モード	18, 50
故障率	20, 23
個体ばらつき	65
壊れ方	18
——が変わらない範囲で厳しくする	138

さ行

再現性	80
最小2乗法	164
座標変換	177
サブ機能	113
サブシステム	34, 113

3H	132
3種の神器	35
時間の壁	21, 23
システム	34
シミュレーション	28, 79, 102, 110, 140, 146
寿命	20, 24
順次印加	64
上位システムの機能	117
上位システムへの統合	110
使用環境	17, 40
使用条件	17, 22, 40, 125
——の下限と上限	138
省スケール化	55
使用段階で不具合	18
情報	88
ショートサイクル	28
信号	45, 83
——因子	69
——の水準数が異なる場合	174
——の水準範囲が異なる場合	172, 182
真数	167
信頼性	8
——工学	23
——試験	17, 20, 30, 31, 134
——試験の加速条件	138
——設計	134
水準	137, 144
——値の決め方	138
少ないサンプル	23, 26
スコーピング	114
——の適切な範囲	115
制御因子	79, 192
制御的機能	84, 87
成形システム	88

生産技術	30, 34
製造工程で管理	135
製造ばらつき	126
静特性	103, 180
性能	6
製品企画	5, 7
設計・開発	i
──の現場	ii, 16
──の初期段階	iv, 12
──部門	3
──プロセス	1, 27, 30
設計した品質	14
設計すべき品質	14
設計責任	2
設計に織り込む	133
設計品質	13
──の分類	15
0/1特性	106
0/1判定	23, 78
ゼロ点	73
ゼロ点比例SN比	162
ゼロ望目特性	181
前後の機能	117
センサ	92
全体最適	116, 117
全通りの組み合わせ	142
全変動	163
騒音	105
相対比較	47, 141
損失	100

た行

耐久性	8
対策コスト	11
太陽光発電システム（太陽電池）	86
田口玄一	iii, 182
田口のSN比	182, 187
タグチメソッド	i
単一の要因	21
短時間	24, 26
──化	51, 64, 78
注意喚起・使用制限	135
チューニング	81
調整	88, 98
直交ギヤ	52
直交表	iv, 79, 143
──の一部の行だけを実験する	150
定常状態	58, 119
データ数（信号の水準数）が異なる場合	184
できばえの品質	13, 20
デザインレビュー	17, 29
db（デシベル）	167
手戻り	iv, 17, 27, 30
転写性	88
統計学	23, 43
統計的な手法	3
同時評価	109
特性要因図（フィッシュボーン）	69, 128
独立性	117
トレードオフ	75

な行

内部で起こる変化	125
内乱	125
──の水準値	139
何もしない	135
2水準系	143
2段階設計	81, 98

209

日本規格協会 …………………………… iv
入力と出力 ……………………………… 70
── の関係 …………………………… 36
ねらいの品質 …………………………… 13
ノイズ因子 ………… 34, 40, 41, 46, 123,
                       131, 137, 142, 192
── 抽出方法 ……………………… 131
── の印加の順序 ………………… 154
── の組み合わせ方 ……………… 142
── の調合 ………………………… 151
── の要因分析 …………………… 155
── を順次与えて ………………… 152
── を調合 ………………………… 150
納期 ……………………………………… 17

は行

端と端の極端な条件 ………………… 137
早く ……………………………………… 26
速く ……………………………………… 26
ばらつき要因 ………………… 34, 40, 123
── への対応 ……………… 133, 136
パラメータ設計 ………… iv, 52, 78, 134
ハンドル（ステアリング） ………… 92
ピアレビュー …………………………… 29
比較 ……………………………………… 29
── 対象 …………………… 47, 192
── 対象がない場合 ……………… 47
非線形成分 ……………………………… 43
評価 ……………………………………… 41
標準SN比 …………………………… 65, 180
標準条件 ……………………………… 99, 180
標準状態 ………………………………… 73
広い使用範囲 …………………………… 75
品質 ……………………………………… 4
── 管理 ……………………………… 3
── 工学 ……………………………… i

── 工学会 ………………………… i, 182
── 特性 …………………………… 70, 107
複合的 ………………………… 22, 26, 50
複雑さの壁 ……………………………… 21
複雑な対象での対応方法 …………… 111
副作用 …………………………………… 73
二つの見える化 ………………………… 28
部分最適 ……………………………… 117
プロジェクタ ………………………… 95
平均の傾き …………………………… 168
変化率 ………………………… 77, 157, 167
変化量 …………………………………… 47
変換係数 …………………………… 88, 90, 97
編集設計 ……………………………… 111
望小特性のSN比 ……………………… 180
望大特性のSN比 ……………………… 181
望目特性のSN比 ……………………… 181
欲しいものの連続量 ………………… 102

ま行

マーケティング ……………………… 5, 7
見え消し ……………………………… 136
見える化 …………………… iv, 12, 35
未然防止 ……………………………… 139
魅力的品質 ……………………………… 5
網羅性 ……………………………… 133, 139
モータ …………………………………… 84
目的機能 ……………………………… 98
目標形状 ……………………………… 98
目標値 …………………………… 90, 98

や行

有害成分 ……………………………… 44
── の計算 ……………………… 166
有効除数 ……………………………… 164
有効成分 ……………………………… 44

有効成分でも有害成分でもない成分 ………………………………………… 181
有効成分の計算 ………………………… 164
ユーザの願望やニーズ ………… 36, 70
4 水準の列 ……………………………… 146

ら行

リコール ………………………………………… 18
理想状態 …………………………………… 36, 70
利得の推定 ……………………………………… 81

流量制御バルブ ……………………………… 91
両方の機能で考えられる例 …………… 95
冷熱機器 ………………………………………… 87
レーダーチャート ………………………… 158
列 ………………………………………………… 144
劣化 ……………………………………………… 126
　── を促進させる工夫 ……………… 56
連続的なアナログの特性値 ……………… 47
ロバスト設計 ………………………………… 134

著者プロフィール

● **鶴田　明三**（つるた　ひろぞう）

　1969年　兵庫県神戸市生まれ
　1994年　京都大学　大学院・工学研究科・冶金学専攻　卒
　1994年　三菱電機株式会社 入社
　　　　　生産技術センター，品質工学センターを経て，
　　　　　2013年より先端技術総合研究所 環境・分析評価技術部 グループマネージャ
　2016年12月　同社を退職
　2017年 1 月　株式会社ジェダイト 代表取締役
　　　　　　　　ウェブサイト：https://data-engineering.co.jp/

　2014年　技術士（経営工学）
　　　日本技術士会会員，品質工学会会員，日本品質管理学会会員，関西品質工学研究会会員

品質工学セミナー（講演含む）の受講者数は1000名を超え，「分かりやすい」「新しい気づきを得た」と好評。
品質工学等に関する個人ブログ「つるぞうのQEとEQ的生活」(https://tsuruzoh-qe.blogspot.com/）は200,000PVを突破。
趣味は，ハイキング，写真（風景・子供），書道（5段），読書（日本語の起源，古代史，科学哲学），競馬，音楽（ギター，キーボード演奏）と多彩。90年代には作詞家としてCDの商業リリース経験をもつ。

これでわかった！超実践 品質工学
― 絶対はずしてはいけない機能・ノイズ・SN 比の急所 ―

2016 年 6 月 30 日　　第 1 版第 1 刷発行
2021 年12月 17 日　　　　第 7 刷発行

著　　者	鶴田　明三	
発 行 者	朝日　　弘	
発 行 所	一般財団法人 日本規格協会	

　　　　　〒 108-0073　東京都港区三田 3 丁目 13-12　三田 MT ビル
　　　　　https://www.jsa.or.jp/
　　　　　振替　00160-2-195146

製　　作　日本規格協会ソリューションズ株式会社
印 刷 所　日本ハイコム株式会社
製 作 協 力　株式会社群企画

©Tsuruta Hirozo, 2016　　　　　　　　　　　　Printed in Japan
ISBN978-4-542-51146-0

●当会発行図書，海外規格のお求めは，下記をご利用ください．
JSA Webdesk（オンライン注文）：https://webdesk.jsa.or.jp/
電話 050-1742-6256　E-mail：csd@jsa.or.jp